中公新書 2610

對馬達雄著

ヒトラーの脱走兵

裏切りか抵抗か、ドイツ最後のタブー

中央公論新社刊

はじめに

第二次世界大戦のさなかドイツでは、幾多の兵士が軍法違反で断罪された。そのほとんどは脱走した一般庶民の兵士（以下庶民兵士ともいう）である。脱走兵ということばには古来、負のイメージがつきまとう。実際、彼らは生きのび戦後になっても社会から裏切り者、犯罪者とみなされて除《の》け者となり、政府による補償もなく年金も支給されなかった。

こうした状態は長期間に及び、元脱走兵の存在はタブー視されつづけた。ナチス（＝国家社会主義ドイツ労働者党）の時代に断罪された彼らが復権したのは今世紀に入って二〇〇二年のことであり、最終的に軍法会議の判決すべてが破棄されたのは二〇〇九年、じつに戦後六四年も経《た》ってのことである。

なぜこれほど長く放置されたのか。この問いは、ナチスの過去を成功裏に清算したとされるドイツが、本当は過去とどのように向きあってきたかを明らかにすることと結びついている。本書では、この問題を「最後の脱走兵」として生き抜いたルートヴィヒ・バウマン（一九二一年一二月一三日～二〇一八年七月五日）に重点を置いて、描いてみよう。

近代の国家において徴兵制が布かれると、軍隊では一般社会と異なる司法制度ができた。そこでは軍の規律や統制を維持し、機動力を高めるために軍法が定められ、軍法会議（＝軍事法廷）や軍刑務所などが整備されている。

軍事最優先の歴史があるドイツの場合、軍法として知られているのは、ドイツ統一の翌年一八七二年に制定された「帝国軍法典」である。その処罰対象は〈国家反逆・戦時反逆〉〈利敵行為〉〈無許可の離隊・脱走〉〈抗命〉等々広範囲に及ぶ。なかでも詳細に規定されたのが〈脱走〉である。

なぜだろうか。脱走が、徴兵された庶民兵士に際立って多い軍法違反であったこと、さらに軍隊ひいては国家を拒否し、国民統合の原則に背くとみなされたこと、この二つのためである。それだけに脱走兵については、国家への反逆者、戦友への裏切り者、卑怯者《ひきょうもの》など負のイメージが社会意識としても浸透することになった。

ここで大戦下の状況について少し述べよう。ナチスドイツの軍法を特徴づけるものはその苛酷さである。著名な軍事史家マンフレート・メッサーシュミットによるおおよその数字だが、ドイツと交戦国とくに米英との軍事裁判による処刑数をくらべるとこうなる。

アメリカ一四六（うち殺人・強姦《ごうかん》・強姦殺人一四五）、イギリス四〇（うち殺人三六・武器をもった反抗三）に対して、ドイツでは陸軍だけで一万九六〇〇。米英同様の一般犯罪も含まれるとしても、処刑数が極端に多い。

さらに脱走兵について見ると、ドイツ国防軍の場合、一九三九年九月の開戦から一九四五年五月の終戦までの総数は三〇万人。捕まった一三万人のうち死刑判決三万五〇〇〇人（処刑数二万二〇〇〇〜二万四〇〇〇人）、減刑された者も含め軍懲罰収容所・軍刑務所に送られたのは一〇万人以上だが、生きのびたのは四〇〇〇人。一方、アメリカ軍では、脱走兵は二万一〇〇〇人、死刑判決一六二人、処刑は一人だという。

それだけではない。ナチスドイツは軍法に「国防力破壊」という罪まで規定した。この規定により国防軍の司法は前線銃後の別なく、戦争遂行に不利益となる言動をとったとされた少なくとも三万人に、原則死刑の重刑を科した。

　右の数字からドイツ国防軍裁判の異常な姿が見てとれる。またそうした裁判をつかさどる軍司法官（裁判官と検察官）とは何であったのかという疑問も湧く。

　さらに米英と比べ桁違いの脱走兵がなぜ生まれたのかという問題がある。一つだけその背景を指摘すると、独ソ戦の東部戦線が当初から絶滅戦争の性格を帯びていたこと、そのために敵兵捕虜の大量殺害や、無辜《むこ》の土地住民の大虐殺を強いる戦闘となったことである。

　こうしたなかで、戦闘があまりに非道な行為に思えて、兵士が脱走を決意することもあろう。だが脱走するには大きな勇気が要る。死刑が懲罰の前提にあったからである。しかも戦争末期になると、これに家族の連帯責任までも加わった。

だから、脱走には死を覚悟した行動という側面がある。もちろん、「死にたくない」という恐怖心に駆られた場合もあるだろう。それも人間の赤裸な姿だが、だからと言って、脱走を戦闘への恐怖や臆病のせいだとは決めつけられない。

注意してほしいのは、ほかになすすべのない一兵卒にとって、脱走がナチ思想に対する抵抗ないし反逆という意味もあったことである。実際、脱走兵は逃げ隠れて反ナチ市民に匿《かくま》われたばかりでない。レジスタンスに与《くみ》しヒトラー打倒に加わった事例も、多々ある。

三〇万人とは、こうした種々の動機や理由による脱走兵たちを合算した数字である。そのうち一三万人が捕まり、処刑され、減刑されても拷問虐待によって殺され、最前線で盾となって死に、最終的に生きのびた人数が四〇〇〇人ということなのである。

そこで本書では最初に、これまでほとんど知られなかったナチス軍法会議の実像を、処断の事例をもって紹介することにしよう。

さらにぜひとも述べたいのが、生きのびた脱走兵と、彼らを断罪した軍司法のその後についてである。

脱走兵という前歴の生存者たちはまっとうな職に就けなかった。生活の困窮は遺族にも及んだ。一方、軍司法官はこぞって復職し、昇進を重ねて安逸な年金生活に入った。司法界も軍法会議の判決を擁護した。

くわえて、東西冷戦のなかで旧軍幹部たちを登用し再軍備を急ぐドイツ連邦政府、戦死者を慰霊する各自治体にとって、脱走兵は忌まわしい存在であった。元脱走兵たちも世間の冷たい目を避けて沈黙し、その身を隠すほかなかった。

しかし一九八〇年代後半になると、ナチス軍司法が見直され、その実態が明らかにされるようになった。さらに一九八九年以降、東西分断の壁が取り除かれてイデオロギー対立から史実の究明へと時代の空気も変わっていく。

こうした移ろう時代のなかで、絶望的に生きながらえる元脱走兵たちの来し方と行く末を探ろうとすると、みずからその渦中にあって復権を主導した人物が浮かびあがる。はじめに挙げた反ナチ脱走兵ルートヴィヒ・バウマンである。

ルートヴィヒ・バウマン（2016年10月17日）（筆者撮影）

バウマンは一九四一年二月一九歳で応召、ドイツ占領下のフランス・

ボルドーに配属、翌年同郷の友クルトと脱走を図り失敗、六月末に死刑判決を受けた。二人とも恩赦減刑のうえ独ソ戦に投入され、クルトは死に、バウマンは重傷を負う。赤軍捕虜となるが釈放され、一九四五年一二月郷里ハンブルクに復員。この間、ボルドー軍刑務所の死刑囚独房で鉄鎖につながれた生活を送り、軍懲罰収容所やトルガウ軍刑務所でも苛酷な体験をする。復員後も衆人の面罵に晒《さら》され、人生に絶望。酒に溺れたままブレーメンに移住。結婚し六児を得る。妻の急死で家族の崩壊の危機に直面したが、その後、生きる意味に目覚め人生を立て直した。このとき四九歳。貧困に耐えて子どもたちの成育を見届けたあと、トルガウ軍刑務所時代の友ルカシッツ上等兵の遺志を継ぎ、六五歳にして平和運動に入る。さらに一九九〇年一〇月、七〇歳を前にして「ナチス軍司法犠牲者全国協会」を結成し、脱走兵はじめ断罪された人々の名誉回復に人生の目標を見出《みいだ》す。その復権活動は、歴史家たちの研究による支援を受けて展開され、最終的に二〇〇九年九月、連邦議会で満場一致で名誉回復が決議される。ときにバウマン八七歳。この間、犠牲者たちの追悼碑の建立および青少年に自己の体験と平和を語る活動を続ける。二〇一八年七月五日逝去、享年九六。文字どおり「ヒトラーの軍隊最後の脱走兵」となった。

本書がバウマンの体験と行動の軌跡を軸に述べようとするのも、以上のように彼が脱走兵として辛酸をなめつくした、ナチス軍司法の実態の語《かた》り部《べ》であり、「尊厳なくして人は生きられない」を胸に、絶望に満ちた人生を、疎外された人々の復権活動に昇華させた人物だからである。

とはいっても、一人の人間の苛烈な人生譚《じんせいたん》を語ることが目的ではない。ナチス軍司法の実態を究明する歴史家・研究者たちと、その歴史的証人たちとの長期に及ぶ協力活動が、断罪された人々に否定的な社会通念を砕き、現代ドイツの歴史政策をも変えた稀有《けう》の出来事を描くこと、ここに本書のねらいがある。

〈注記〉

本文中引用した多くの行にわたるドイツ語原文は適宜意訳し、読みやすくなるように努めた。

目次

I 軍法会議と庶民兵士の反逆

1 ヒトラーの国防軍

ヒトラーの軍法観

第二次世界大戦のときドイツ全軍兵士にいきわたっていた規範がある。

前線では人々は死ぬかもしれない、だが逃亡兵は死なねばならない。

アドルフ・ヒトラー（一八八九〜一九四五）の自伝的な扇動の書『わが闘争』下巻（第九章。平野一郎・将積茂訳、角川文庫）に記されたことばである。一九二六年に出版されたこの書はヒトラー（ナチ）政権が誕生すると、ナチズムの聖典となり国民的ベストセラーとなった。この書では、第一次世界大戦時の脱走兵（逃亡兵）を裁いた軍法会議は手ぬるかったとして、こう糾弾されている。

戦争において実際に死刑を排除し、陸軍法規摘要（軍法――對馬）を適用しなかったことが恐ろしい報いをもたらした。逃亡兵の軍勢はとくに一九一八年には兵站地《へいたんち》（戦場の後方で補給等にあたる基地――對馬）にも、故国にも増え、さらに一八年一一月七日以降突然、革命の製造者として我々の前に現れたあの大きな犯罪者組織をつくる手助けをしたのだ（同下巻第九章）。

ここにいう革命とは、帝政ドイツを崩壊させた北ドイツ・キール軍港の水兵の反乱、大衆蜂起に始まる一一月革命のことである。この大戦にドイツ帝国を構成する邦国バイエルン軍の義勇兵として加わったヒトラーは、負傷したこともあって自分について語っていないが、脱走兵については、彼らを「卑怯な利己主義者」「節操のない弱虫」などと口をきわめて罵倒する。

前線の戦いを銃後で妨害するユダヤ人や革命主義者・共産主義者の陰謀のせいで、ドイツは第一次世界大戦で敗北したと強弁する〈背後からの一突き〉論は、ヴァイマル期を通じて保守層や右翼政党が使った常套句《じょうとうく》である。ヒトラーも、陰謀、革命の加担者に脱走兵を数え、「寛大すぎる」軍法会議の責任まで追及している。

では非難された帝政期の軍法会議とはどのようなものだったか。ビスマルクのもとで成立した帝政ドイツ最初の軍法（＝軍刑法）である全一六六条からなる「帝国軍法典」（一八七二年）は、各邦ごとに軍隊が存続したこともあって、関係規定や命令、手続きなどいまだ整備されていなかった。表1の数字は、そうしたなかで第一次世界大戦時にドイツ陸海軍の軍法会議が下した死刑判決と処刑の件数を、交戦国の英仏米と比較したものである。

表1　第1次世界大戦時の死刑判決数と処刑数

国名	死刑判決数	処刑数
ドイツ帝国	150	48（脱走罪18）
アメリカ合衆国	不明	35
大英帝国	3080	346（脱走罪269）
フランス	約2000	300～400

（M. メッサーシュミット『国防軍司法1933～1945』2008年、括弧内の脱走処刑数はU. バウマン／M. コッホ編『“当時適法であったものが……”』2008年）

　この表から、終戦前年に参戦したアメリカは別として、ドイツは英仏にくらべて死刑判決数、処刑数いずれも著しく少ないことがわかる。詳細は不明だが、理由の一つに軍法の未整備があるだろう。数字を見るかぎり軍法会議は「寛大」で、ヒトラーの指摘もあながち的外れではない。だが〈背後からの一突き〉がドイツ敗北の原因になったということではない。実際には国力、軍事力ともに強大なアメリカの参戦が敗北を決定づけたからだ。

　ここで注意したいのは、ヒトラーが脱走を防ぐために「仮借なく死刑を適用する軍法」を唱え、「苛烈な脅迫」に兵士は服従するものだと強調していることである。刑罰に抑止と予防の効果が期待されるのは確かだが、これを唱えるヒトラーには、人間蔑視と強者の論理にもとづく〈命令と隷従〉の規範だけがある。彼の持説はやがてナチ党の政権奪取によって現実のものとなった。つまり第一次世界大戦時とは正反対の、膨大な処刑を強いる苛酷な軍法が制定、執行された。それは前線、銃後の別なくドイツ人すべてに適用されたのである。

正規の軍隊としての国防軍

まず、ヒトラー政権下での軍隊とその司法の実態について述べることにしよう。ナチス期ドイツの軍隊には正規軍である国防軍とヒトラーの親衛隊の二つがあった。読者はナチスの軍隊というと、国防軍よりも警察権を握ったハインリヒ・ヒムラー（一九〇〇～四五）の率いる親衛隊（SS）とその軍事組織（＝武装親衛隊）を思い浮かべるかもしれない。だが、ホロコーストを遂行した狂信的な軍隊として描かれるこの組織は、本来ヒトラー警護隊に発する政治的な志願兵組織である。戦時にはその兵力も九〇万人以上に膨れ上がったが、ドイツ国家の正規の軍隊ではない。だから、脱走兵ルートヴィヒ・バウマンを軸に、軍法で断罪された人々の実際と戦後の処遇、および彼らの復権を問う本書の趣旨からすると、親衛隊ではなく国防軍とその司法、応召兵士に焦点が当てられる――なお以下の記述はマンフレート・メッサーシュミット『国防軍司法一九三三～一九四五』二〇〇八年（第二版）に負うところが大きい――。

そこでナチスドイツにおいてそれまでのヴァイマル共和国軍から変貌していく国防軍（戦時には総数一八〇〇万人にも及んだ）の基本的な特徴を挙げよう。

ヒトラー宣誓

その一は、軍人（将校・下士官・兵卒）の忠誠義務の対象が、それまでの国家から総統ヒトラー個人になったことである。

従来ドイツ軍人は国家にのみ忠誠を誓うことになっており、さらに政治不関与の不文律があった。ヴァイマル憲法ではじめて職業軍人に選挙権が与えられるようになっても、政治活動が禁じられたのはそのためである。だが一九三四年八月二日、ヒトラーの総統就任により国家への忠誠義務は破棄され、国家元首にして民族の指導者たる「総統」の決定に一切を委ねる〈指導者原理〉が導入された。その結果、忠誠の対象はヒトラー個人に、その内容も無条件の服従となった。同日、陸海軍将兵に課された忠誠宣誓はこうである。

私は、ドイツ国と民族の指導者にして国防軍の最高指揮官たるアドルフ・ヒトラー、あなたに無条件に忠誠を尽くすとともに、勇敢な兵士となっていかなるときにも身命を賭する用意のあることを、この神聖なる宣誓をもって神にかけて誓います。

（「国防軍全将兵の宣誓法」）

ヒトラーへの忠誠宣誓は同年八月二〇日法律となり、終戦まで効力をもちつづけた。同様の

「ヒトラー宣誓」は以後すべての官公吏にも義務づけられる。戦後ナチス戦犯裁判で被告が責任逃れをする際にこぞって「宣誓に縛られていた」と自己弁護するゆえんでもある。

このような個人に対する絶対服従の宣誓は、ナチ新政権を歓迎した陸軍指導部が率先して作成し、ヒトラーに心酔する国防相ヴェルナー・フォン・ブロンベルク（一八七八〜一九四六）が布告した。彼らは元来ヴァイマル民主政に不満を募らせ、ヴェルサイユ条約による軍備制限・志願兵制を破棄して、徴兵制度を復活させるという宿願を新政権に託していたからである。のちに国防軍内部の「反ヒトラーグループ」としてヒトラー独裁体制打倒を謀った一九四四年の《七月二〇日事件》の参画者たち、たとえば名高いクラウス・フォン・シュタウフェンベルク大佐（一九〇七〜四四）にしても人種論には距離を置きながらも、当初ヒトラーにつよい期待を寄せていた。

政治的兵士

その二は、軍部がとくに陸軍主導でナチ思想に沿った軍隊づくりに努めたことである。ヒトラー政権発足後の一九三五年五月、懸案の「国防法」（＝兵役法）が成立して、「ドイツ民族の名誉奉仕」とされる兵役義務（満一八〜四五歳）が復活し、「唯一の正規軍」として陸海空三軍からなる国防軍は「ドイツ民族を兵士に育成する学校」と規定された。翌年一九三六年からさらに若年兵士を定期的かつ大量に補充するために、一八歳までの男子が加入する準軍事的組織ヒトラーユーゲントが義務化され、男子一八歳徴兵制へのつなぎとなった。陸軍一〇万人海軍一万五〇〇〇人のヴァイマル共和国軍は以後、重装備の兵力七〇万人体制の国防軍へと変貌していく。

こうした施策に対して、軍部も「ニュルンベルク法」＝「人種法」の制定（一九三五年九月）に先んじて一九三四年中に陸海軍のユダヤ系の現役将校・兵士七〇人を法的根拠なしに排除するなど、ナチズムに積極的に同調した。さらにヒトラーユーゲントを終えた若者の最終的な教育機関が「兵営」であるとし、人種国家ナチスドイツを担う国防軍兵士の理想的姿として〈政治的兵士〉を掲げた。〈政治的兵士〉とは軍部がナチス最高指導部とすりあわせて作成した兵士像だが、その意味は総統ヒトラーに隷従して、「生存圏のために戦う民族共同体」に身を尽くす「勇敢な前線勇士」だという。

軍法会議の復活と構成

ヒトラー政権が軍備増強とともに着手したのは、ヴァイマル憲法では廃止されていた平時の軍事裁判権の復活である。一般司法から離れて軍人が裁判の主宰者になるのだから、軍部も大いに歓迎した。一九三六年一〇月、国防軍司法の最高機関として国家軍法会議が創設され、陸海空三軍ごとに軍法会議が設置された。戦時下には新たにフランス、ベルギー、オランダ、ギリシャ、ノルウェー、それにウクライナ、東部地域、南東地域など占領国、占領地の管轄領域

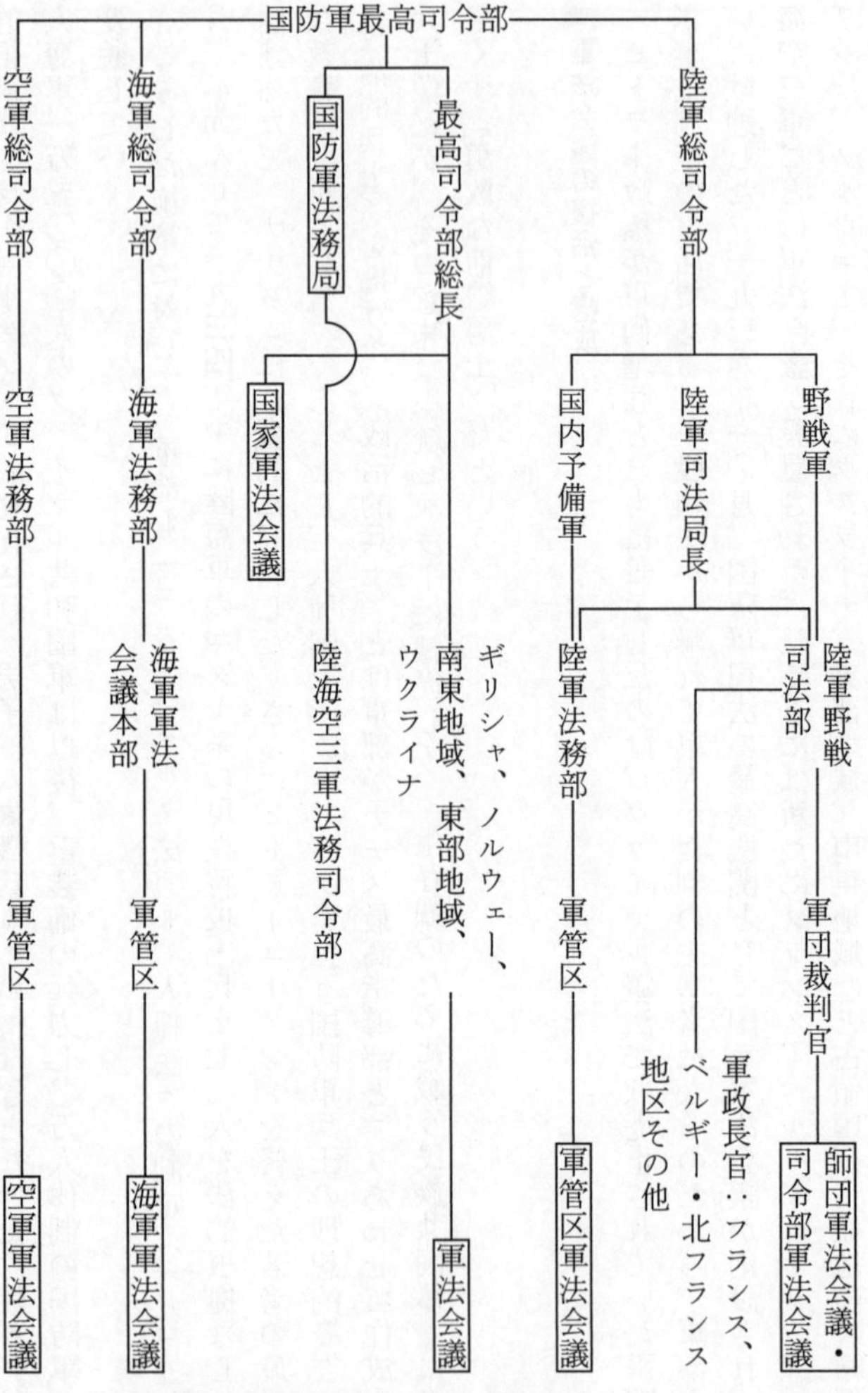

図１　国防軍司法の機構概略（1943年末）（M. メッサーシュミット前掲書から一部簡略化して作成した）

ごとに軍法会議が置かれるようになり、組織全体が再編された。

その概略を一九四三年末の場合について示すと図1のようになる。

要点を記すと、国防軍最高司令部に国防軍法務局が直属し、陸海空三軍の司法が間接的に統合されたこと、また国家軍法会議は最高司令部総長に直属して、主に兵役拒否や戦時反逆、スパイ活動などの重大な事案を扱ったことである。さらに図にも見るように、伝統的な陸軍国家として陸軍司法の規模が海軍・空軍のそれを圧倒していたことである。国防軍全体で最大一〇〇〇余り設置された軍法会議と司法官の全体数二五〇〇～二八〇〇人のうち、陸軍は七四二の軍法会議、一五八〇人の司法官を占め、残りが海軍と空軍であったという。

そこで三軍の軍法会議の基本的な構成について示すと、図2のようになる。

軍司法官と裁判権者

まず、軍法会議をつかさどる軍司法官について述べておこう。この職は法曹資格があって「将校と同等の国防軍官吏」の身分を有する専門職である。戦時下には、当然ながら法曹資格をもった将校だけでは足りず、一般司法界からの転属が急増した。

つぎに国防軍の司法組織には裁判権者《ゲリヒツヘル》という独自の地位がある。この裁判権者とは一般司法には存在しない、プロイセン軍の伝統を引き継いだものであるという。これを図2によって説明すると、①総司令官は裁判権者を任命する。②裁判権者には陸軍ではおおむね師団長、軍管

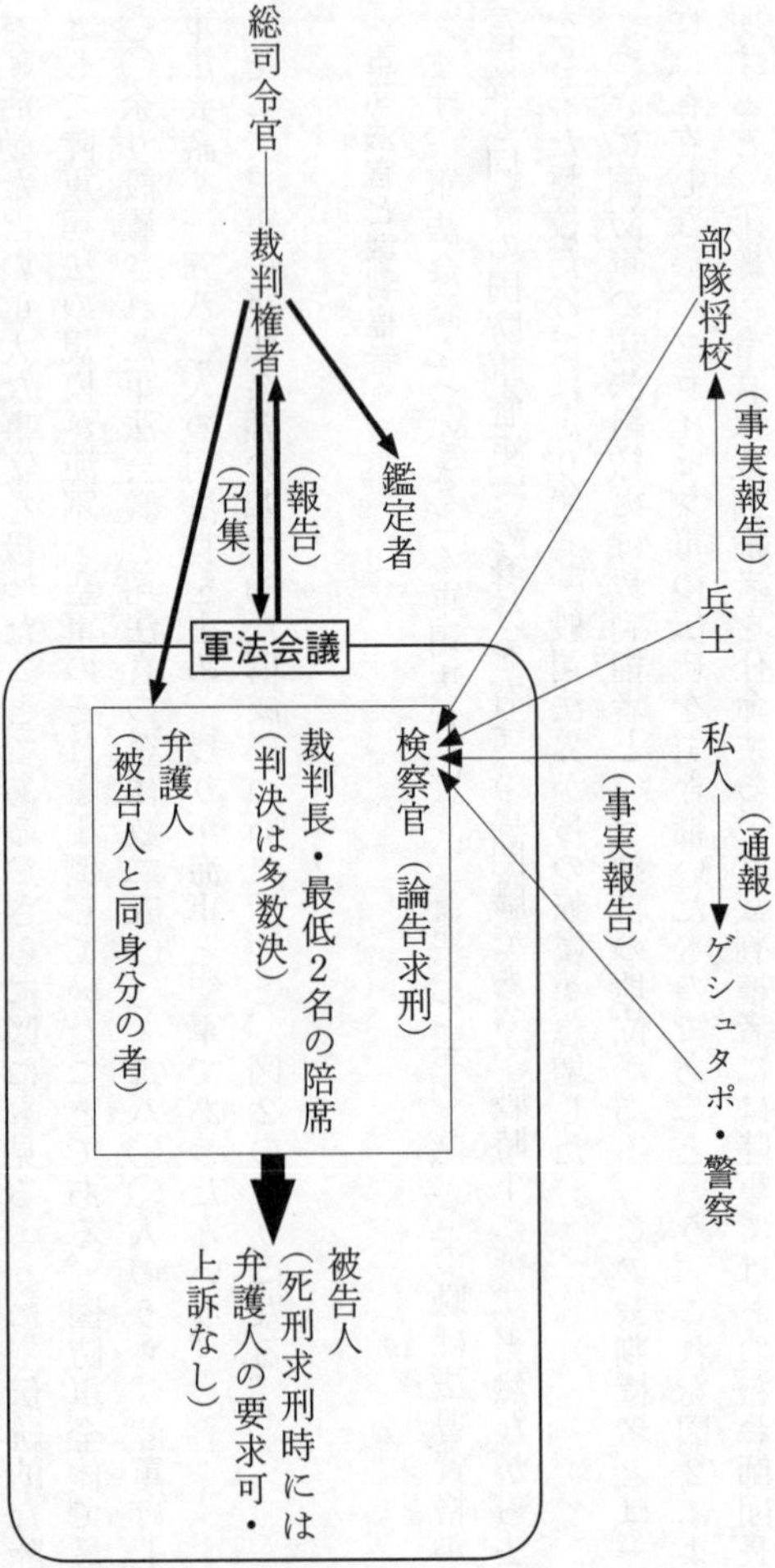

図2　軍法会議の構成（1938年の「軍刑事手続規則」およびA. キルシュナー編『脱走兵・国防力破壊者・裁判官』2010年より作成）

区司令官が、海軍と空軍でも同じ階級の高級軍人が任命される。裁判権者は検察官から事案の報告を受け軍法会議を召集する。③裁判権者の指示で、軍司法官は裁判長となり、あるいは捜査責任をもつ検察官＝訴追者ともなった。④陪席裁判官（以下陪席）には複数の佐官級軍人が指名され、合議により判決を下す。⑤裁判権者は死刑求刑時にかぎり、弁護人（法曹資格は不要）を任命する。⑥判決の諾否は裁判権者の権限であり、事案によっては法曹資格のある者を鑑定者に任命し審理の適否について鑑定書を提出させる。

以上はモデル化された軍法会議の流れであって、鑑定者が置かれないことも多いという。これを被告人の側から見ると、拷問による自白か否かは不問にされ、上訴もできなかったから、口頭での最終陳述のほか弁明の余地はない。兵士が重刑を科されて執行されるか否かは、結局のところ、裁判権者さらには総司令官の裁量次第となる。したがってそこに助命嘆願（恩赦）の道もあった。

緊迫した前線においては、裁判を迅速かつ簡略にした「即決裁判」が一九四〇年六月から実施されている。それは軍司法官が不在のときは中隊長を裁判長とし、将校一、兵士一の陪席から構成されるが、死刑が求刑された場合でも弁護人は不要だ。書面で提出された判決を承認するのは連隊長か師団長である。こうなると、もはや助命嘆願の道はない。

右のように裁判では被告人は絶対的に不利な立場に置かれるが、軍司法官も自立しているとはいえない。なぜなら司法官となるには、ナチ党の党員か支持者という条件があり、しかも国防軍の官吏として、法を超えた絶対権力者ヒトラーの指揮下にあった。だから軍司法官の使命は正義に仕えることではなく、ヒトラーの政治的意思に沿って軍法を解釈し実行することにあった、というほかない。

頂点にある国家軍法会議（ベルリンに設置、一九四三年にドイツ東部ザクセンのトルガウに移

国家軍法会議長官マックス・バスティアン提督（1944年頃）（N. Haase: *Das Reichskriegsgericht und der Widerstand gegen die nationalsozialistische Herrschaft*, Gedenkstätte Deutscher Widerstand (Hg.) 1993）

転）にしても同様である（戦時下には事実上中央監督機関の機能を失ったという）。ヒトラー自身が軍司法につよい関心を寄せていたから、彼の直接の介入と指図があった。この中央機関は、四刑事部で構成され、各部とも親ナチの将官級軍司法官一人を裁判長、三人の大佐以上の高級将校を陪席とし、検察部（軍司法官二〇人）も設置されている。司法官は総勢一九〇人である。裁くのは原則的に将校以上の犯罪であり、軍事的に重要であれば、国家反逆などの重罪を裁く民族法廷（一九三四年四月設立）の役割まで担った。裁判権者として長官がいたが、総統に「伺い」を立てるのが常であった。

長官職を務めたマックス・バスティアン提督（一八八三〜一九五八、在任一九三九年九月〜四四年一〇月）は、裁判官の独立と軍法の公正な執行を指針にしたと、戦後みずからの裁判指揮について弁明したが、実態は大きく違っていた。これについてはまた述べることにしよう。

2　苛酷な軍法

戦時下の軍法

ナチスの軍法を代表するものに、開戦の前年一九三八年八月一七日に総統ヒトラーと補佐役の国防軍最高司令部総長ヴィルヘルム・カイテル（一八八二〜一九四六、在任一九三八〜四五）の連名で出された「戦時特別刑法に関する命令」および「軍刑事手続規則」（以下「一九三八年軍法」）がある。

すでにヒトラー政権は国防軍の網羅的な処罰規定として、「一九三五年七月一六日の軍法典」（一八七二年軍法典の修正版。一九四〇年には戦時に当座適用される「一九四〇年一〇月一〇日の軍法典」に修正）を作成していた。

だが内閣、司法省、ナチ党が総出で取り組んだ個別具体的な軍法の規定づくりは、延びに延びた。開戦を見据えるヒトラーと陸軍は、これに焦って幾度も催促した結果、ようやくまとまった。遅れたのは規定づくりの中心テーマ「防衛態勢を崩す国内外からの攻撃をいかに防ぐか」について議論が錯綜《さくそう》し、容易に成案が得られなかったからだという。ナチスの軍法に特異な「国防力破壊《ヴェーアクラフトツェルゼッツング》」という規定は、こうした議論のなかから考案されたものである。

「一九三八年軍法」が発効したのは、一九三九年八月二六日。大戦勃発五日前のことである。以後、国家反逆、戦時反逆（＝戦場での国家反逆）、スパイ活動、国防力破壊、無許可離隊・脱走、臆病行為、抗命等々に対する処罰が執行されることになる。

右の軍法は開戦直後から終戦直前まで幾度も修正を重ねられ、さらに補足の処罰規定や総統命令など膨大な分量に及ぶ。戦後、そのなかの重要な一二一の軍法を集成したルドルフ・アプゾロンによると、一八七二年軍法典は「（一八七一年刑法典との整合性を調整し——對馬）熟慮を重ねてつくられた内容構成」であったが、ナチス軍法は「戦争の長期化につれ禍々《まがまが》しいものに崩れていった」という。

実際、時系列に関連規定の文言をたどっただけでも、軍律が厳格になり量刑が重くなり、作戦地域や占領地で兵士のほか民間人を軍が処罰できるように拡大解釈するなどの様子が読みとれる。軍法会議も、第一次世界大戦時には穏便な法運用に配慮しようとしたとすれば、第二次世界大戦では異常なほど厳格に軍法を適用し、あたかも「殺人鬼《アモクラウフ》のような組織」（ウルリヒ・ヘルマン）になった。

表2はメッサーシュミット（前掲書）から引いた第二次世界大戦下の独米英仏の国別の処刑数である。

表2　第2次世界大戦時の死刑判決と処刑数

国名	
ドイツ	19,600（陸軍のみ，民間人も含む）
アメリカ合衆国	146
大英帝国	40
フランス	102

（M. メッサーシュミット前掲書）

この数字からは、ナチスの軍法が極度に厳格に適用されている状況が一目瞭然である。このことは、軍法会議がもはや兵士の違法行為を裁く場ではなく、兵士に恐怖心を浸透させる装置となっていたことを示している。

「国防力破壊」

一九三八年軍法が重視したのは、戦時の国防態勢を維持することであった。すでにナチ政権は「悪意法」（一九三四年一二月）を制定し、「ナチ体制とその指導者たちに対する悪意」「扇動」「愚劣な考えによる」とみなされる言動を、取り締まっていた。さらに戦時体制を念頭に「脱走の阻止」という懸案事項を含めて考案されたのが「国防力破壊」という規定である。これまでの先例のない規定をもって、前線銃後の別なく重罰を科すようにした。一九三八年軍法の五条、一、二、三項は、「国防力破壊」についてこう規定している。

1　国防力破壊の犯行には死刑を科す
一　公然とドイツ国防軍および同盟国軍における兵役義務の履行拒否を勧めるかもしくはそれを扇動する者、あるいはその他、公然とドイツ民族および同盟諸国民の闘争心を弱めもしくは破壊しようとする者
二　休暇中の兵士、兵役義務者に不服従、上官への反抗や暴力行為、脱走もしくは無許

可の離隊を唆し、あるいはその他、ドイツ国防軍ないし同盟国軍の規律を低下させようと企てる者

三　自己もしくは他者のために、自傷行為によって、または偽りの手段で、あるいは他の手段で兵役の任務遂行を完全に、部分的に、もしくは一時的にまぬがれさせようと企てる者

2　犯行がより軽微な場合、重懲役刑または懲役刑を科すことができる

3　死刑と重懲役刑に、さらに財産没収まで刑を加重することを可とする

（R・アプゾロン『第二次世界大戦の国防軍刑法』一九五八年）

なんとも曖昧な内容の規定だが、一九四〇年四月二日の国家軍法会議の決定によると、一項一号の「公然」という語には、「どんな私的な話しあい」も含まれるという。「戦争に負けるのではないか」といったナチスドイツの〈最終勝利〉に対する疑念はもちろん、政治的な軽い発言などまですべて口にすることもできないとすると、個人の基本的なものの考え方や内心までも、規制されることになる。前線では〈戦友の絆《きずな》〉が強調される一方で違反行為の告発（＝報告）が義務づけられ、銃後では隣人同士さらには親子のあいだでも密告が奨励されたことで、この規定は大きな威力を発揮した（ヒトラーの悪口を言った父親がヒトラーユーゲントの息子に密告され強制収容所で死んだ悲惨な事例さえある）。国防力破壊の規定が「志操に対するテロ」

（N・ハーゼ）といわれるゆえんである。

これほどまで恣意的に拡大解釈される軍法によって、一切の反軍・反ナチ的言動を抑圧することが図られた。よく指摘されることだが、これにはヒトラーはじめ幹部たちの、第一次世界大戦の体験が影響していた。つまり戦争を遂行するうえで、彼らのトラウマとなった〈背後からの一突き〉は再現されてはならないということだ。

こうして国防軍の司法の対象は兵士だけでなく銃後の人々にまで及び、ゲシュタポを介して国家反逆など国事犯を裁く民族法廷（「血に飢えた裁判官」の異名をとるローラント・フライスラー長官〔一八九三～一九四五〕で有名）とその傘下にあって反ナチ的言動を裁いた七四の特別法廷とも分担協働しあうことになる。民族法廷と特別法廷で死刑判決を受けた者は、ナチスドイツ崩壊時までに一万六〇〇〇人に上ったといわれる。これにさらに戦時下の国防軍司法による国防力破壊のかどでの断罪も加わった。終戦時までにこの新たな罪状で罰せられた人々は、最少に見積もっても三万人以上、死刑判決と執行の総数は不明だが、一九四一年後半の六カ月間で八一一人が有罪となり、四七人が死刑判決になったという。

兵役を拒否する「エホバの証人」

ここで国防力破壊のかどで国家軍法会議が大規模に断罪をおこなった事例を取り上げよう。一つは「エホバの証人」（別名「ものみの塔」）の信者たちである。

棄教せず処刑された「エホバの証人」信者の一人ヨハネス・ハルムス（1910-1941）1939年頃（*Das Reichskriegsgericht und der Widerstand gegen die national-sozialistische Herrschaft*）

当時「熱心な聖書研究者」と呼ばれた一八七〇年代にアメリカで生まれたキリスト教系新興宗教「エホバの証人」は、キリスト教主流派から異端とされ、ナチス当局からは一貫してきびしく弾圧された。信仰を理由として兵役を全面的に否定したからである。

「エホバの証人」にとって、「一切の戦争はこの世における悪魔の見えざる支配の表れ」であり、兵役はキリスト教信仰を全否定することであった。ナチスの国家にすれば、そのように固く信じる「エホバの証人」は相容《あい》れない敵であり、兵役拒否は国防力破壊を規定する一九三八年軍法の五条一項三号が適用される違反行為となった。

この新教団の弾圧に光を当てた研究者にデトレフ・ガルベという現代史家がいる。彼によると、すでに政権発足直後に教団の禁止と信者子弟の退学の措置がとられ、さらにドイツ国民の兵役義務を定めた「国防法」の制定以降、特別法廷から「宗教的狂信主義」と断罪されて、全国的な信者の逮捕と財産没収がおこなわれている。一九三三年はじめの国内信者数は二万五〇〇〇～三万人（全人口の〇・〇四パーセント前後）。逃れて国外移住し、あるいは地下に潜った人々も相当数いただろうが、女性を含め約一万人が刑務所、強制収容所に拘禁されたと見られる。そうした処罰に晒されながらも彼らは耐え、棄教しなかった。

ナチスのもとで復活した兵役義務には、良心や宗教的理由による例外規定はない。それは戦時下の一九四〇年一〇月に制定された軍法典（四八条）でも確認されている。〈民族共同体〉を絶対視するナチスの思考からすれば、兵役は民族とその意思を体現する総統ヒトラーへの忠誠義務を果たすことであったからだ。この点で第一次世界大戦を契機に非暴力、平和主義のクエーカーやメノー派の運動を認めるようになったアメリカとイギリスが、免除と代替服務の規定を用意したのと決定的に異なる。

「エホバの証人」信者に対して国家軍法会議は四刑事部が総がかりで審理し、「頑固な確信犯（聖書研究者）たちの行動には兵役拒否の動きを広める悪《あ》しき影響があることから、死刑を科すのがふさわしい」とする検察部の示す原則に沿って、厳罰とした。大戦中に拘禁され死亡した信者は約一八〇〇人というが、死刑判決の総数は不明である。だが一九三九年八月二六日〜四〇年九月三〇日にすでに一一二人に死刑が執行され、一九三九年一一月だけで一三人に死刑判決が下り、一二人が執行されたという。

こうした処置に関するW・カイテル最高司令部総長の秘密メモ（一九三九年一二月一日）を、ガルベが紹介している。それによると、バスティアン長官の上司カイテルがヒトラーに今回の処罰と今後の処置について伺うために面談した。ヒトラー曰《いわ》く、「ポーランドだけで一〇〇〇人以上の兵士が戦死し、数千人が重傷を負ったのだ。兵役を拒否する聖書研究者の輩《やから》に温情をかける余地はまったくない」。

ヒトラーの指示を受けて、弾圧はその後被占領国の信者たちをも含めて激しさを増していく。ちなみに終戦後の一九四五〜四六年に、ナチスの迫害犠牲者・遺族であることの証明書を申請した教団関係者は、二万三〇〇〇人だという。

これまで忠誠宣誓・兵役を拒否した人々については、当時プロテスタント・カトリック両宗派の教会が戦争への態度を原則的に信者個人に委ねていたこともあって、告白教会（ナチスの宗教政策に反対する福音主義教会の一派）信徒ヘルマン・シュテール（一八九八〜一九四〇）やカトリック神父フランツ・ライニッシュ（一九〇三〜四二）などの個別的行動が語られることが多かった。

国法学者シュテールはナチスの教会政策に反対しユダヤ人との実践的な連帯を唱える平和主義者であり、兵役を拒否し海軍軍法会議で有罪となり軍刑務所に送られるが、良心的兵役拒否の立場を変えず、国家軍法会議で死刑判決、ベルリン、プレッツェンゼー刑務所で処刑された人物である。また神父ライニッシュはやはりナチズムとその教会政策を否定したために説教を禁じられ、一九四二年召集令と軍旗への宣誓を拒否したため国家軍法会議において国防力破壊のかどで死刑宣告、ブランデンブルク刑務所で処刑されている。二人は文字どおり殉教者であった。

だが一方で、ナチスに終始弾圧された「エホバの証人」のように信者と小教団そのものまで抹殺されようとした事実は、記憶にとどめておくべきだろう。良心的兵役拒否の弾圧を象徴する事例だからである。

「ローテ・カペレ」

大規模な断罪のもう一つの事例には「ローテ・カペレ（＝赤い楽団）」がある。

近年このグループは多くの女性（その一因に男性が兵役にあったことが挙げられる）や帰休兵士を含む、社会各層を横断する反ナチ市民の草の根グループとして知られるようになった。大半は普通の生活を送る無名の人々であったが、ユダヤ人への迫害に怒り戦争を拒否する勇気を備えていた。ゲシュタポはこのグループをソ連のスパイ網と見て、極秘に一九四二年八月から翌年三月にかけて秘密裏に一三〇人を逮捕、国家軍法会議に送致した。

最初はソ連側と連絡を取りあおうとした経済学者アルヴィト・ハルナック（一九〇一〜四二）と航空省職員・空軍中尉ハロ・シュルツェ＝ボイゼン（一九〇九〜四二）の二人を中心とした社会主義的な反ナチメンバーを抹殺するねらいがあったが、彼らに直接間接に連なる人々の地下活動（迫害されたユダヤ人の救援や反戦のビラ貼り）も摘発され、処罰された。主なメンバーには国家反逆罪も適用し四九人に死刑、その他の人々にも重刑を科す軍事裁判となった。これについて二つの事実を指摘しておきたい。

一つは、ヒトラーが恩赦を否定し、逐一判決内容も点検して手ぬるいと判断した場合はそれを覆したことである。ミルトレート・ハルナックの事例がその典型である。

審理を担当した第二刑事部で、ハルナックには国家反逆とスパイのかどで死刑判決が出された。妻のミルトレートはアメリカ人の文学者で、夫の活動には関与していなかった。それでも幇助《ほうじょ》のかどで懲役六年の判決が下った。だがヒトラーは刑が軽すぎるとしてこれを破棄し、別の刑事部で審理し直すように命じ、結局第三刑事部でミルトレートも死刑判決となった。その再審理の記録は残されていない。ベルリン、プレッツェンゼー刑務所で夫が処刑された二ヵ月後に、ミルトレートも処刑された(ドイツ抵抗記念館編『国家軍法会議とナチス支配への抵抗』特別展資料、一九九三年)。

もう一つは、軍法会議がスラヴ人を人種的に「劣等」とするナチスの反スラヴ政策にもとづいて仮借ない処罰を下したことである。

一九二三年八月七日ベルリン生まれのリアーネ・ベルコヴィッツは、革命ロシアから逃れた音楽一家の一人娘で治療体操専門学校に通っていた。結婚を誓う二歳上で二一歳の反ナチの同級生フリードリヒ・レーマーに誘われビラ貼りをする。両親の祖国ロシアが「ボルシェヴィキ・ソ連」として全否定されることに抗議し、ロシアを一緒くたに罵倒しないように訴えるビラが、そのなかにあった。祖国を愛する純粋な気持ちからの行動であったが、それさえも断罪の対象となった。一九四二年九月逮捕されたときは三カ月の身重である。兵役予定のレーマーは戦時反逆準備のかどで死刑、リアーネは幇助と利敵行為のかどで死刑の判決がそれぞれ下った。いずれも国防力破壊の罪が加重されている。

一九四三年四月一二日、若い二人の子イリナ・ベルコヴィッツが誕生するが、その四カ月後、リアーネはプレッツェンゼーで八月五日処刑。父親レーマーはそれに先立ち五月一三日処刑。リアーネは乳飲み子イリナの養育を母に託し、イリナはいったん引き取られるが、すぐにリアーネの母の手から引き離された。クルマルクのナチスの病院に移送されたが、一〇月一六日急死した。原因は不明である。処刑直前、イリナを母に託したリアーネの最期の手紙にはこう記されている。「私の大事なイリナちゃん、私の慰め、私の希望のイリナちゃん、（中略）お願いだからお母さん、揺りかごのこの子がスクスク育つように、ずうっと元気でいてくださいね」（前掲資料およびS・ロロフ『ローテ・カペレ』二〇〇二年）。

なんともやりきれない思いにとらわれる話である。

ルイーゼ・レールス (U. Baumann/M. Koch: *»Was damals Recht war...«—Soldaten und Zivilisten vor Gerichten der Wehrmacht*, 2008)

庶民の女性ルイーゼ・レールス

補足しておきたい事例がある。国防力破壊のかどで死刑を宣告されたルイーゼ・レールス（一九一三〜二〇〇〇）についてである。彼女は生きのびて、後年ルートヴィヒ・バウマンを補佐しナチス軍司法によって断罪された人々の復権のために行動した唯一の女性だからである。

彼女の場合はこうだ。

一九一三年八月一三日、ドイツ中西部パーダーボルンで警察官ゲーベルスマンの娘として生まれる。国民学校卒業後一四歳で家政婦となり、一九歳で機械工オッテンと結婚。男児を出産したが一九四二年夏離婚。この間、ブレーメンで路面電車車掌として働くが、同年一一月空軍の補助員に徴集され、翌年一九四三年八月以降は調理部の炊事作業に従事。勤勉で周りの評価も良好であった。

ところがシュタウフェンベルク大佐を実行犯とした一九四四年のヒトラー爆殺未遂事件つまり《七月二〇日事件》が失敗した翌日二一日午前八時すぎ、ラジオで繰り返されるこのニュースを聞いていたルイーゼはかまどのタイルを掃除しながら、「残念だったわね、戦争が早く終わって平和になったのに。私が将校だったら、参加していたのにね」と口にした。これを同僚女性たちが聞き咎《とが》めたが、ルイーゼはさらにこう言ったという。「事件を起こした人たちは悪者じゃないし、自由のために戦った勇士たちだわ」。ルイーゼはこのことが上層部に報告され、即日勾留。二五日、ブレーメンで開廷された空軍第二戦闘師団軍法会議で三〇分間の審理のあと、翌日判決。

この裁判では弁護人と鑑定者も配置されたが、判決は「国防力破壊」、すなわち一九三八年軍法五条一項一号（「公然と民族（中略）の闘争心を弱めようとすること」）のかどで死刑である。被告人ルイーゼは話した内容が「誤解」されたのだと主張したが、さらに同僚二人から彼女が「軍隊の反ユダヤの措置」に「批判的」であったと証言された。結局それが「政治的に重大」とみなされ死刑判決となった。

ルイーゼ・レールス死刑囚はブレーメン刑務所に移送され一一歳の一人息子を案じる毎日が二カ月間続いたが、一九四四年九月三〇日に、空軍総司令官ゲーリング元帥に宛てた彼女の妹の数回の助命嘆願が受理された。死刑から懲役一〇年に減刑、一一月末にリューベック女子刑務所に移され、女性看守の計らいで家族との文通もできた。一九四五年五月一三日、連合軍により解放された（社団法人ブレーメン「ゲオルク・エルザー運動」「『国防力破壊』――ルイーゼ・オッテンの場合」二〇〇九年展示会資料）。

国家軍法会議と戦時反逆

ルイーゼ・レールスの死刑判決は空軍の軍法会議が下したものだが、国防力破壊罪による処断は、ひとしく苛酷である。その方針をヒトラーの意思として陸海空の軍法会議に示し、率先して遂行したのが、国家軍法会議であった。バスティアン長官による、裁判官は独立していたとかナチズムに懐疑的な精神で審理したとする戦後の弁明がいかに虚偽に満ちたものか、読みとれたと思う。バスティアンだけでなく軍司法官に共通した、こうした保身の言動については次章で詳しく扱うことにしよう。

国家軍法会議が所掌したのは、兵役拒否や国家反逆、共産主義者の裁判のほか、さらに優先的に扱ったものに「戦時反逆」がある。「戦場での国家反逆・利敵行為」を指す戦時反逆の規定は、「帝国軍法典」以来特別なものではなかったが、ナチス軍法では著しく歪曲《わいきょく》され、苛刑の対象となった。

もっとも、そうした実態が個別具体的に明らかにされるのは、ようやく二一世紀になってからである。これについては最終章で詳しく述べることにしたい。いわばその伏線を張る意味で、ここで一つだけ述べておきたい戦時反逆の事例がある。上等兵ヨハン・ルカシッツ(一九一九～四四)の事例である。生きのびたバウマンの復権活動は、ルカシッツという青年兵士との出会いとその死の衝撃に導かれているからである。

「自由ドイツ国民委員会」と第二一六突撃戦車大隊

独ソ戦でドイツ側の敗色が濃厚となっていた一九四三年一〇月、前線のザポリージエ（現ウクライナ共和国領）の第二一六突撃戦車大隊にいた若い兵士たちは激しく怒り絶望していた。スターリングラード攻防戦のあと自軍の敗退が続き、所属部隊も指揮の拙さで多くの仲間たちが戦死したからである。彼らは痛飲し上官の悪口を言いあい、ひどく荒れた行動をとった。

こうした兵士たちのなかにフーゴ・ルーフ一等兵、マルティン・ヴェーバー上級上等兵がいた。二人には夏頃から「労兵評議会」（ドイツ一一月革命時につくられた労働者と兵士の権力組織）を組織する計画があった。この出来事のあった数日後、再び飲み会の席で二人は入手したビラを他の仲間たちに回し読みさせた。それは「自由ドイツ国民委員会」による、「東部戦線のドイツ軍部隊に訴える」という投降を呼びかけるビラである。

すでにこの時期、独ソ戦でのドイツ人捕虜や亡命ドイツ共産党員によって「自由ドイツ国民委員会」が結成され、さらにソ連軍に投降した砲兵大将ヴァルター・フォン・ザイトリッツ＝クルツバッハ（一八八八～一九七六）たちの将校グループ「ドイツ将校同盟」も合流し、反ヒトラーのビラ「自由ドイツ」が前線に撒《ま》かれていた。彼ら若い兵士たちが回覧したビラはそのなかの一枚である。ルーフはヴェーバーと示しあわせ、ビラの呼びかけにそって「労兵評議会」をつくろうと提案した。仲間たちも提案に関心を示し賛成した。もっとも彼らの賛成がどこまで本気かはわからない。なにしろ行動を伴っていなかったからだ。

ところがこの件をめぐって一二月はじめに憲兵隊の捜索がおこなわれ、一七人が逮捕された。そのなかに上等兵ヨハン・ルカシッツもいた。この事案はドイツ東部トルガウに移転した国家軍法会議で審理された。第二刑事部長ヴェルナー・リュベン（一八九四～一九四四）中将の裁判指揮のもと、二人が無罪となったものの一一人に死刑が言い渡された。ルーフとヴェーバーは戦時反逆、国家反逆さらに国防力破壊のかどで、それぞれ一二月二二日、翌年一月二九日に死刑判決を下され、裁判権者もそれを承認した。

戦時反逆者ルカシッツと国家軍法会議裁判官リュベン

問題はルカシッツ上等兵である。彼は同部隊に属していたが、この騒ぎには一切かかわっていなかった。だが事の次第を後日ヴェーバーから聞き知っていた。それを報告しなかったことが問われたのである。

彼の履歴はこうだ。

一九一九年九月二五日、オーストリアの社会民主労働党ウィーン地区幹部フランツ・ルカシッツを父にウィーンに生まれる。同地の国民学校卒業後、造園業で働くかたわら挿絵画家の修業をした。一九三九年六月、応召。一九四三年五月に第二一六突撃戦車大隊に配属された。逮捕時二四歳、妻リタと子がいる。

裁判記録によると、兵士としてのルカシッツの評価は極端に低い。「生意気で無礼、出撃に

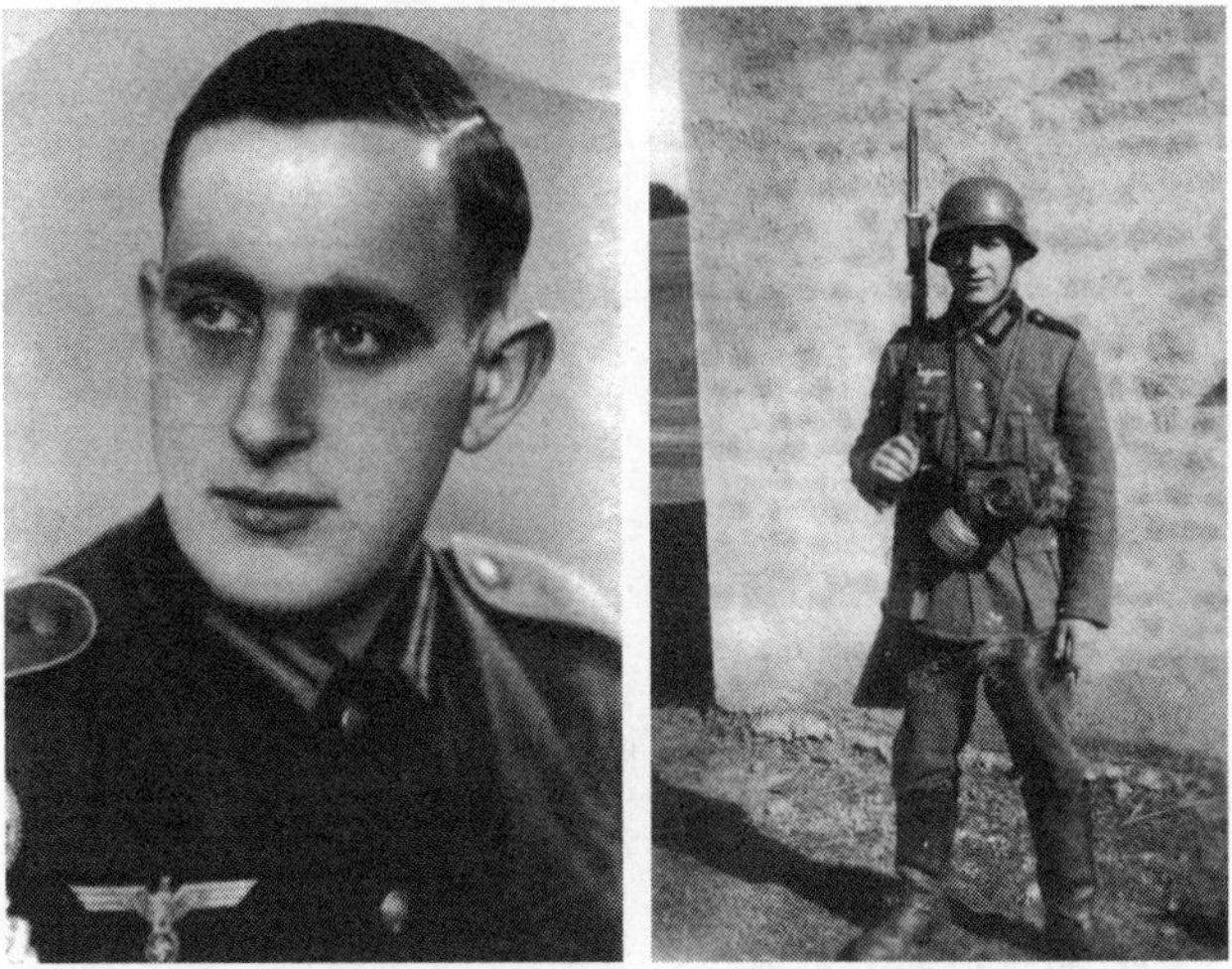

ヨハン・ルカシッツ、銃剣をもつ兵士姿のルカシッツ（Lars G. Petersson: *Hitler's deserters*, 2013）

奮い立つ勇気を示さない」とされ、上官への反抗的態度などで都合六回の懲戒を受けたこと、さらに二〇代になってナチ党の突撃隊に加入したが、一四歳（一九三三年）まで「マルクス主義の青年組織」と目される「赤い鷹《ローテ・ファルケン》」に所属していたこと、などが記録に残されている。

この軍法会議では、ナチス指導者たちのトラウマとなっていた〈背後からの一突き〉の記憶が審理を方向づけていた。つまりルーフたちの言動は政治的であり、若者の単なる不満の爆発とは認められなかった。そのためフォン・ザイトリッツ＝クルツバッハ将軍たち（一九四四年四月欠席裁判で死刑判決）の行動に呼応した戦時反逆とされ、厳罰の対象となった。一九四四年二月三日のルカシッツを含む六人に対する判決理由

ルカシッツに死刑判決を下したヴェルナー・リュベン（1940年頃）（*»Was damals Recht war...«*）

も、被告人たちは「かつて反ファシスト闘争連盟に与した経験があり、その闘争方針を部隊に広めようとした」と断定し、「戦う民族共同体から排除」しなければならないと記している。ルカシッツについて判決理由はこうである。彼は部隊にあって「斜に構える態度」をとるなど、きわめて劣等な兵士である、くわえて、ヴェーバー上級上等兵から違法行為を聞き知っていながら、告発しなかった（一九四〇年一〇月の軍法典六〇条「戦時反逆の非通知・非告発」）、この行動だけでも厳罰に値することを認識すべきである、と。こうして彼にも死刑判決が下った。八日後の二月一一日、ルカシッツはハレで処刑された（W・ヴェッテ／D・フォーゲル編『最後のタブー――ナチス軍司法と〈戦時反逆〉』二〇〇七年）。

　ルカシッツが生命を絶たれるまでに、こうした経緯があった。バウマンがルカシッツと知りあうのは処刑の数日前、トルガウ軍刑務所野戦病院においてである。

　ちなみにいうと、ルカシッツを断罪した裁判長リュベンはその後七月二八日、トルガウの執務室でピストル自殺をした。《七月二〇日事件》への関与が明らかになるのを恐れたためだとか、カトリック神父三人と住民たちに死刑判決を下さざるをえなくなったことへの苦悩のためだとか、一〇〇件以上も下した死刑判決への自責の念のためだとかいわれるが、定かでない。確かなのは、戦時下に軍司法官で自決したのはリュベン一人だけであったことだ。

さらにいうと、バウマンたちが復権を求める活動に立ち上がったとき、それを知って積極的に協力した北ドイツのリューベックに住む老婦人がいる。一六歳で父リュベンを失ったイルムガルト・ジナーである。軍司法官としての父の行為を知り、その事実に真剣に向きあった結果のことであった。

脱走の厳罰化

徴兵された庶民兵士の軍法違反のうち、圧倒的多数を占めたのが脱走である。本章冒頭に見たように、ヒトラーがことさらに脱走兵について厳罰主義を唱えるのも、そうした実態を踏まえてのことだ。

いうまでもなく、脱走は部隊を離れて二度と戻ろうとしない行動である。ナチスドイツにあって脱走はもはや単なる規律違反ではなかった。それは国家を拒否するばかりか、民族共同体を絶対と見るナチスの倫理に背く最悪の行為とされた。

そのために、前述の一九三八年軍法は、国防力破壊に続く六条で「無許可の離隊と脱走」を厳罰とした。つまり、理由を問わず一日を超える無許可の離隊を処罰対象とし、三日以上については一年から一〇年の禁固刑とした。一時休暇や一時帰郷でも軍服着用は義務づけられていたから、着用の有無を決め手に脱走については原則死刑と定めた。ヒトラー自身、若年兵の脱走については動機を吟味するように指示しながらも、「わが身の危険を恐れる」臆病行為や国外逃亡には死刑を科すべしという「指針」(一九四〇年四月一四日)を示している。

それだけに、脱走はきびしく追及されたし、軍法会議の最重要の処罰対象ともなった。判決文の決まり文句がある。「脱走はドイツ兵がしてはならない最悪の恥ずべき犯罪である」と。

戦争末期には脱走罪が軍法違反のほとんどを占め、処罰も苛烈をきわめた。「移動即決裁判」において、脱走に関しては将校であっても「部隊の面前で即刻死刑を執行する」権限が連隊長に認められた(一九四五年一月二八日の国防軍最高司令部総長カイテル元帥の命令)。さらには一九四五年三月になると、ヒトラーは脱走に対して家族の連帯責任も問うことまで指令した。

こうした事態が、最少に見積もっても陸海空三軍合計三万五〇〇〇の死刑判決と二万二〇〇〇~二万四〇〇〇の執行という、西側連合国軍にくらべて極端に高い数字を生んだ主な理由である。ドイツ軍の崩壊のすすむ末期の東部戦線では、高まる厭戦《えんせん》気分や赤軍による報復への恐怖も相まって、脱走は急増し処刑も激増した。たとえば一九四四年七月から一一月までに二五二四人の死刑が執行されたという。

軍司法官エーリヒ・シュヴィンゲ

このような苛酷なナチス軍法づくりを主導し、さらに軍司法官の依拠した『軍法典注釈書』を作成した人物に、エーリヒ・シュヴィンゲ（一九〇三〜九四）がいる。この『注釈書』は一九四四年には六版を重ねるなど、当時の軍司法官の判断に大きな影響力をもった。戦後も彼は軍司法の権威者として名を馳《は》せ、バウマンたちを犯罪者として否定しつづけた人物である。戦争初期にはマールブルク大学の少壮の刑法教授であったが、その後ウィーン大学教授兼陸軍第一七七師団軍司法官となり、みずから一六件の死刑判決を下した。

シュヴィンゲの苛酷な判決の姿勢を示すものに以下の事例がある。

一七歳のアントン・レシュニィはウィーンで一九四四年八月一五日、国防軍末期の召集令に応召した少年兵である。だが入隊後二週間にもならない八月二八日に逮捕された。その理由はこうだ。レシュニィはウィーン市街が爆撃されたあと、戦友たちと、瓦解し類焼のおそれのある建物の後片付けに志願した。その作業のさなか、彼は崩壊した住居内から二個の腕時計と五九マルク入りの財布を入手、さらに通りで指輪と札入れを拾い、それらを報告、提出しなかった。ところがその行為は戦争状態を悪用した刑の加重される犯罪であるとして告発された。九月一四日の公判で

ウィーン大学教授を兼任した軍司法官時代のエーリヒ・シュヴィンゲ（*»Was damals Recht war...«*）

弁護人は被告人が少年であり、入隊直後で軍隊にも不案内であるとし温情ある判決を訴えた。レシュニィも盗みのかどで少年裁判所法（一九四三年）による最高刑懲役一〇年が科されるとは思ったが、よもや苛刑を科すことで軍の崩壊を阻止し、厭戦気分を抑圧しようと裁判官が考えているとは、想像もしなかった。

少年兵レシュニィは驚愕《きょうがく》した。シュヴィンゲ裁判長は彼の行為を「拾得物横領」ではなく、一九四〇年一〇月の軍法典（一二九条）を適用して「略奪」であるとし、死刑を宣告したからである。助命嘆願書提出後、ほぼ四カ月が過ぎた一九四五年一月八日、補充軍司令官の裁判権者ハインリヒ・ヒムラーは「かような判決は軍の崩壊や厭戦気分を封じ込める理由づけとなりえない」とし、レシュニィを懲役一五年に減刑した（シュテファン・バイアー「軍司法官シュヴィンゲ博士の死刑判決」『批判的司法』二一巻三号一九八八年所収）。

シュヴィンゲの軍法観

シュヴィンゲは徹底したナチス信奉者であった。彼が軍隊に設定する大原則は「軍律への絶対服従」である。軍律違反とくに脱走や詐病、命令拒否は、力と忍耐に欠けて回避の反応を起こす「精神病質者」「劣等な人間」の行動であって、脱走兵の大半はこの種の道徳観に欠ける「反社会的《アゾツィアール》」で、軍のような秩序ある「義務的集団」を拒否する「犯罪者のタイプ」「軍の害虫」である。軍隊の浄化と兵力維持の観点からすれば、彼らをさっさと隔離して、最前線で敵兵と戦い退却時に味方の盾となる懲罰部隊に送るのが適切だという。この説明が、ことさら脱走兵を民族共同体の「有害物」として排除する格好の理由づけとなった。

しかもナチプロパガンダを通じて、戦地で生死の運命をともにする「戦友意識《カメラートシャフト》」こそが「民族共同体の真髄」と喧伝《けんでん》されていた。脱走は「臆病者」「弱虫」といった従来の心証に加え、戦友同士の絆を断ち切る行動となったから、最も不名誉な犯罪として罵倒されることになる。戦後一九八〇年代になっても、その行動が戦争世代の男性たちから謗《そし》られつづけたゆえんである。

こうした脱走兵に対する負のイメージは、死後の扱いにも及んだ。シュヴィンゲの『注釈書』によると、脱走兵の処刑は極秘とし、死亡通知や葬儀はおこなわないこととされた。彼らの存在そのものが抹殺されたのである。このため処刑の事実を知った遺族が郷里で遺体を埋葬したくとも、当局はその許可をしぶったという。

ところで、窃盗や暴行、殺人などの一般犯罪に起因する脱走は論外として、脱走の理由をシュヴィンゲのいう「劣等な人間」のせいだとか、死への恐怖、臆病のせいだけだとか決めつけることには問題がありすぎる。脱走は、それらとは別の場面・動機で圧倒的に多く生じているという事実があるからだ。つまり前線ではなく帰郷や休暇の期間中（脱走ではそれがほとんどだとされる）、病院入院中の脱走、戦闘地域外の占領地での脱走、厭戦気分、戦争への幻滅さらには敵国の人々を知ったことによる脱走など、様々な例が挙げられる。

脱走兵シュテファン・ハンペルの戦時反逆

右に述べたように、脱走には多様な動機がある。そのなかから紹介したい事例がある。それは脱走してレジスタンスに参加したシュテファン・ハンペル(一九一八～九八)、後年バウマンたちの活動に参加協力した人物についてである。彼の青年期までの略歴を記すと、こうである。一九一八年一一月二三日、リトアニアのヴィリニュスに生まれる。父はドイツ人の幹部警察官、母はポーランド人で地主の娘。父母の離婚により、九歳まで父方のドイツと母方のポーランドで交互に過ごす。一九二七年から父方の郷里グライヴィッツ(現ポーランド共和国領グリヴィツェ)のギムナジウムに学ぶが、継母と不仲だったため、中途退学し、実母のもとで過ごした。特別試験を経て一九三八年一一月ベルリンの私立ドイツ政治大学に学ぶが、父の援助を受けられず、一年で断念。一九三九年五月、親衛隊の人種至上主義を批判したためにゲシュタポに逮捕、一九四〇年五月拘置所から釈放される。

九月はじめ国防軍に召集され、一兵卒として東プロイセンの部隊に配属。グロドノ(当時ポーランド共和国領、現ベラルーシ共和国領フロドナ)に住む母と叔母、伯父がソ連諜報《ちょうほう》機関に拉致されたことを知り、一九四二年五月、休暇を利用して同地まで母の行方を捜しに行く。その途次グロドノの北東七〇キロメートルほどの集落ヴァシィリシュキの地で、警察隊と親衛隊合同編成の特別行動部隊によるユダヤ人大量虐殺の目撃者となった。

この地域は少年時代からハンペルには馴染《なじ》みがあり、知人もいた。占領下のその地域には複数のユダヤ人ゲットーがあった。一九四二年五月上旬、近隣のユダヤ人射殺を終えた「殺人部隊」が移動してきて、ヴァシィリシュキで、乳幼児を抱く女性や老人など老若男女二〇〇〇人を虐殺する現場を、偶然彼は目撃したのである。ハンペルはこの出来事の詳細を、後日逮捕されて取り調べの際に提出した文書に記している（「一九四三年五月一一日の手書きの履歴書」）。彼が目算して記した二〇〇〇人という数字は、その後確認された数字にほぼ近いという。彼の「手書きの履歴書」はホロコーストの実際を記録した資料としてトルガウの「ザクセン追悼記念館」に保管公開されている。

シュテファン・ハンペル（1940年）（*Hitler's deserters*）

本書でその凄惨な内容に立ち入ることは控えよう。ここで述べておきたいのは、軍服姿のハンペルを間近に見た死にゆく二人の若いユダヤ人女性が、「あらぁ、ハンペルさん」と驚きの声をあげ、彼をも「殺人部隊」の一員と見たこと、無抵抗で無防備な、しかも自分の知る人々が虐殺される情景がその後数十年悪夢となってハンペルを苦しめたこと、重要なのは、このときに受けた衝撃が彼に脱走を決意させ、人生の転機となったということだ。一九四二年六月九日、ハンペルは二日間の特別休暇を得て、あらためてグロドノに行き、森のなかで軍服を燃やし、母の家で見つけた私服に着替えた。以後、あてどなくさまようが、彼はポーランドとリトアニアの合同パルチザン組織の人々を知った。彼らと交わり、信頼を得て、逃亡ソ連兵捕虜やユダヤ人を匿う地下活動に加わった。一〇ヵ月余り、仲間たちと乏しい食糧を分けあい、ドイツ兵の目を逃れて隠れ家を転々と移動する、絶えざる緊張と興奮の日々であった、と戦後ハンペルは伝えている。

一九四三年四月末、仲間たちとはかってナチスの東部地域での犯罪を伝えようと、ひとりスイス、ジュネーヴの赤十字国際委員会をめざし列車で旅立った。だが偽造身分証と着用した鉄道員の制服の違いがばれてしまい、五月七日スイス国境に近いフライブルクで逮捕、八月一一日ベルリンの東部地域担当の軍法会議で判決が下った。脱走罪による死刑である。パルチザンに加わっていたことが露見していたら、彼は利敵行為をした戦時反逆者（減刑の道が閉ざされる）として、国家軍法会議に送致され死刑判決が下されただろうが、それはまぬがれた。

彼は減刑された。ハンペル自身と父方の伯父の提出した恩赦の嘆願に加え、「手書きの履歴書」からユダヤ人虐殺の目撃が脱走のきっかけになったことを知った医師の、償いのチャンスを与えるべきだとする意見書が認められたからだろう。結果、一九四四年七月二七日、死刑判決から一五年の懲役刑になった。とはいえ、懲役刑で簡単に済むわけではない。一一月にはハンペルはトルガウの軍刑務所に移送された。そこで戦闘力のある若い脱走兵に強制された、懲罰部隊「第五〇〇執行猶予大隊」への入隊が決まった。ハンペルは懲罰部隊を生きのびてソ連軍の捕虜となったが、さらに脱走しウィーンを経てベルリンに帰ったのは一九四六年一二月のことである（W・オレシンスキ「ユダヤ人虐殺の目撃者は脱走した――二等兵シュテファン・ハンペル」W・ヴェッテ編『市民的勇気』二〇〇四年所収）。

以上、戦後バウマンとかかわりをもつ人々を中心に、ナチス軍司法のもとで断罪された人々を個別事例的に紹介してきた。本章の最後に、脱走兵ルートヴィヒ・バウマンその人の体験について、少し詳しく述べてみよう。内容は主に、ヤン・コルテによるインタビュー（コルテ／ハイリヒ編『戦時反逆』二〇一一年所収）とバウマン自伝（『良心に恥じることなく』二〇一四年、以下『自伝』）にもとづいている。

3　生きのびた脱走兵ルートヴィヒ・バウマン

ナチスに反発するバウマンと応召

バウマンが海軍に入営したのは一九四一年二月六日、独ソ戦開始の四カ月余り前、満一九歳のときである。戦局はナチスドイツに圧倒的有利に展開していた。すでに一九三九年九月一日の開戦から四週間でポーランドは敗れ、翌年六月にはフランスも降伏した。彼が応召した一九四一年はじめのころには、国防軍が相次ぐ戦勝でヨーロッパを席巻《せっけん》する姿に、国民大衆は沸き立っていた。

入営したバウマンはこうした事態をどう見ていたのだろう。同世代の青年と同様にヒトラーに心酔しナチ思想を信じていたのだろうか。

バウマンの立ち位置はまったく反対である。彼は一九二二年一二月一三日北ドイツのハンブルク生まれ。この港湾都市でタバコ販売業を大規模に営む父オットーの一人息子である。姉が一人いた。ヒトラー政権が誕生したのはバウマン一一歳、ナチス体制が安定し強化されていく時期と彼の青年期は重なっている。この時期について彼はこう回顧している。

ヒトラーはラジオでいつも〈東部の生存圏〉をドイツのために要求していました。私はしかしその地で生活を営んでいる人々がどうなるのか、なぜ追放されねばならないのか、自問していました。〈人種学〉の授業で、〃自分たちより優れたユダヤ人がいるのにどうして下等人種だと決めつけるのかわからない〃とつぶやいたところ、友だちがあわてて〃そんなこと言っちゃだめだ〃と口止めしてきたのを覚えています。当時はもちろんまだナチスのことをよく知りませんでした。一五歳のときにヒトラーユーゲントに加入するように強要されましたが、最後まで加入しませんでした。一方的な命令に我慢できなかったから、反抗したのです。私は最後まで一切のナチスの組織には加わりませんでした（インタビューと『自伝』より）。

青少年期のバウマンについては次章であらためて述べるが、右のような彼の思考と態度はヒトラーが熱狂的に支持される時代の雰囲気からすれば、例外的である。もっとも、ごく少数ではあってもナチス体制に従順ではなく、それを抑圧と感じて反発する青少年はいた。とくに戦時下に、都市部を中心に自然発生的に生まれた青少年たちの組織、たとえばその代表ともいえる《エーデルヴァイス海賊団》メンバーは、ヒトラーユーゲント加入を拒否し反ナチ活動を繰り返し、ゲシュタポも彼らに手を焼いていたことが知られている。

少年バウマンも彼らに先んじて一五歳にして、素朴だがナチスに反発する孤独な反抗者であった。それだけに応召は余儀なくされても、彼は国防軍が望むような〈政治的兵士〉にはなりえなかったし、なるつもりもなかった。

バウマンが召集令状を受け取ったのは、ハンブルク工業専門学校予備課程で修学中のときである。入営後の初年兵訓練はベルギーでおこなわれたが、彼は初日から上官と衝突した。下士官の長靴と剣帯を磨くという「習わし」を拒否したからである。ぬかるみでの匍匐《ほふく》前進や連夜の歩哨《ほしょう》などの制裁を受けながらも、結局彼は拒否の態度を貫いた。

数週間後、占領地フランス、ボルドーの港湾中隊に配属された。精鋭部隊とは反対の落ちこぼれ兵たちの部隊である。隊員は二五〇人、フランス各地から略奪した食糧品、石油、武器、絨毯《じゅうたん》、美術品、家具などを収納する倉庫の見張りと港湾パトロールが任務である。だから前線のような戦闘の緊張を強いられる状況にはなかった。ドイツ兵も街中でゆっくりコーヒーを飲めたし、毎日一リットルのワインまで食事についたようだ。とはいっても、連合軍に大西洋沿岸が封鎖されていたため、上空を飛び交うイギリス空軍機の襲撃に警戒を怠るわけにはいかなかった。さらに港湾で働くフランス人のなかにはレジスタンスも潜んでいたようだ。

同郷の友クルト・オルデンブルク

こうしたなかで一等水兵バウマンは、その後の運命をともにする同じ中隊の一等水兵クルト・オルデンブルク(一九二二年二月一九日〜四五年〔月日不詳〕)と知りあう。クルトは二カ月だけ歳下、郷里もハンブルク市北東ヴァンズベクで、市中心部アイムスビュッテルで生まれ育ったバウマンは彼の家のある通りも知っていた。

クルトは国民学校を終えて船乗りになろうと船員学校に通っていたが、一九四〇年六月一〇日に召集された青年で、ナチスを嫌うという点ではバウマンと同じである。二人は港湾貿易の大都市ハンブルクで育んだ、郷土が世界に開かれているという認識と未知の世界への憧れを、ボルドーでも抱きつづけていた。

それは裏返すと、そうした夢を奪ったこの戦争が何のためにあるのかという、ヒトラーの戦争への不信感でもあった。これといった学歴もなく優れた知性の持ち主というわけでもなく、ごく普通の青年であったのだが、ナチ思想にもとづくこの戦争には元々つよい疑いを抱いていた。だから二人は国防軍がフランス人から略奪したものを見張るという任務を、よりによって自分たちがおこなうことを心底嫌っていた。

現代史家デトレフ・ガルベによると、規律違反によるクルトの営倉入りは二年間で六回あったという。それだけに若い二人は、港湾で働くフランス人たちを敵視することも勝者の立場から見下すこともせず、彼らに心を開いていた。ドイツ語のできる数人のフランス人港湾労働者や消防士たちも警戒心を和らげ、お互いに話しあえる友人関係が生まれていた。

クルト・オルデンブルク
(*Hitler's deserters*)

脱走と失敗

二人は部隊に配属されて以来、休日にはドイツ兵専用の映画館でハリウッド映画を観《み》ることもできた。ただしそれには条件があった。開戦以降、本編映画の前に上映を義務づけられたナチスのニュース「ドイツ週刊ニュース」を観ることである。それはドイツ国内だけでなく占領地ボルドーでも上映されていた。

一九四二年はじめに二人はニュース映画を観て衝撃を受けた。すでに前年六月にはソ連侵攻（バルバロッサ作戦）が開始され、ドイツ軍は破竹の勢いでモスクワをめざしていた。二人が観たのは前年の「ボルシェヴィキに対する戦勝報告」のニュースだったが、映像は無数のソ連兵捕虜が屋根もない鉄条網を張りめぐらされただけの場所に放置されている様子を伝えていた。

東部戦線の冬は早く、零下三五度にもなる酷寒である。防寒着なしには凍死をまぬがれない。二人にはそれは自明のことであった。ドイツ軍兵には郷里から衣類の束が送られるが、捕虜は薄いボロ衣服だけ、広大な平原に鉄条網で囲われ放置されるとは。二人は互いに問うた、彼らは耐えられるだろうか、いや全員が凍え、飢え死にするはずだ。事実、それは捕虜三〇〇万人を餓死・病死させる国防軍の「飢餓作戦」であり、またそれをはるかに超える人数の無辜の市民も犠牲になった。

二人は思った。この戦争は犯罪だ、犯罪に加担するつもりはない。バウマンは記している。「人を殺したくない、平凡に生きたい、逃げよう、自由でいたい！」と。こうした感情の高まりを臆病とか意気地なしとかのことばで表すのは間違いだろう。むしろ、その行動にはナチス国防軍の求める〈政治的兵士〉とは対極の、人としての勇気が要る。バウマンがクルトに脱走を持ちかけたのだというが、クルトは即座に頷《うなず》いた。

二人は脱走罪が極刑になることはもとより、兵士語録の〈栄誉の死を恐れる者は恥にまみれて死ぬ〉ということばも、中隊長から再三訓示されて知ってはいた。だが決断した。脱走の準備に二週間かけたという。二人には港から四〇キロメートルほど先の内陸に引かれたヴィシー政権との境界線を越え、トゥールーズ経由で地中海からモロッコに渡り、アメリカをめざす計画があった。友だちとなったフランス人たちに計画を話し、助力してもらうことにした。彼らは非占領地区の住所やトゥールーズとモロッコの住所を教え、私服も用意してくれた（彼らがレジスタンスであったことを、二人はこのときまで知らなかったという。また戦後バウマンはボルドーに彼らを訪ねたが、会うことはできなかった）。

一九四二年六月四日未明、二人は部隊の武器庫の窓を破ってピストル二丁、二つの弾倉、九個の手榴弾《しゅりゅうだん》を奪った。身を守るためであった。フランスの友人たちは彼らを軽トラックで港から五〇キロメートルほどの境界線近くの森まで送ってくれた。朝もやのなか、私服とベレー帽姿の二人は境界線の数百メートル手前の農道で、二人の関税パトロールに出会った。フランス人の小物の密輸業者と思ったらしく、「お前ら、こっちに来い！」と叫ばれた。銃をもっていないと見て相手が銃口を下げて近づいてきた。バウマンとクルトはポケットのピストルを撃つこともできたが、そうしなかった。できなかったのだという。

脱走に失敗した二人はその日のうちにボルドーに連行された。

死刑判決と獄囚生活

誰が脱走を助けたか、拷問ときびしい尋問が続いたが、二人は最後まで白状しなかった。結局、着ていた私服は「飯場」から盗んだものとされ、彼らは「共産主義的な堕落と破壊」の行動をとったとして訴追された。軍法に規定された一日にも満たない無許可の離隊に関する罰則は、軍服を着用していなかったこともあって、端《はな》から無視された。

六月三〇日、フランス西部地区・ロワイヤン支部の海軍軍法会議が弁護人なしで四〇分間審理したあとに下した判決文がある。裁判長は志願して海軍司法官となったカール・リューダー、一八九七年七月ライプツィッヒに生まれ当時四四歳、ヒトラー政権成立前の一九三二年に入党した根っからのナチス信奉者である。彼は、武器庫の警備を怠ったかどで一等兵グレーネンヴォルトに一年六カ月の懲役刑を科したあと、二人にこう判決を言い渡した。

刑事被告人バウマン、重大な窃盗行為および戦場での脱走行為のかどにより、死刑および一年二カ月の懲役刑を科す（二つの事犯に刑を科す形式上の加重刑とみなされる――對馬）。刑事被告人オルデンブルク、重大な窃盗行為および戦場での脱走行為のかどにより、死刑および二年の懲役刑を科す。

さらに当法廷は両被告人を兵役不適格者と宣告する。

（L・ペーターソン『ヒトラーの脱走兵――法がテロルと合体したとき』二〇一三年）

二人はただちにボルドー軍刑務所に収容された。だがレジスタンスの関与を疑う軍情報部の

銃殺される脱走兵（*Hitler's deserters*）

尋問と拷問が刑務所内でなおも続いた。二人は脱出を図っていることがさとられ、頑丈な死刑囚用の独房棟に移され、昼も夜も両手両足に鉄鎖が付けられた。毎朝、看守の足音と、解錠の音に続いて「ドアを開けろ、死刑執行だ！」と叫ぶ声が響き、二人は恐怖におののいた。自分の房の前を泣き叫ぶ囚人が射撃練習場（処刑場）に連行されていく、その様子を全身で感じ取り「今日は助かった」と思う日々が、一〇カ月続いた。その光景が脳裏に焼きつき、鎖のガチャガチャする音が今もなお耳に残っていると、バウマンは『自伝』に記している。

この間、彼が衝撃を受け、つよく記憶に残ったことを二点挙げておこう。

一つは、ドイツ人兵士殺害への報復として、スペインの反フランコ政権派と思《おぼ》しき、子どもを含む男女の難民九〇人が縛られ全員、国防軍兵士によって射殺されたこと、兵士たちが親から子どもを引き離し、泣き叫んで命乞いする人々を撃ち殺す様子を独房の格子窓越しに見たことである。バウマンは記している。「その日から私は政治的な人間になり、戦争とファシズムを憎むようになった」。

もう一つはこうである。

福音主義教会の幼児洗礼を受けたバウマンは、獄中でも新約聖書を読んでいたが、国防軍の従軍牧師にいざなわれ囚人たちも祈りを捧《ささ》げることがあった。その折、牧師は主の祈りをいつもこう締めくくったという。「そして我らの敬愛する総統を守りたまえ」。従軍牧師もナチス軍組織を支える多数派であり、彼ら自身も兵士なのだ、こう理解したバウマンは復員後、教会から離脱した。

恩赦

ところで迅速を旨とする軍法会議で下された死刑判決が、一〇カ月も執行されなかったのはなぜだろう。事情はこうである。

死刑房のバウマンたちにも月一度、手紙を出すことが許されていたから、事の次第が家族にも伝わった。父親たちはすぐに減刑嘆願の行動に出た。とくにバウマンの父オットーはタバコ販売業の友人ロビンゾーンのつてを頼った。彼は恩赦の権限をもつ海軍総司令官エーリヒ・レーダー（一八七六～一九六〇）と第一次世界大戦時の戦友で、戦後も狩猟友だちであったからである。

息子たちを前線送りにしてほしいという嘆願に対して、レーダーは一九四二年八月二〇日、「バウマンとクルトの二人を、執行猶予大隊で兵士としての適性が証明されたのち、懲役一二年に減刑とする、そのために戦闘訓練をトルガウ軍刑務所で受けること」という指示を下した。要するに、懲罰部隊に加わり最前線の戦闘で生き残ったら、そのあと一二年の刑期を務めよという意味である。この指示は、キール軍港の水兵の反乱が大戦終結の決定打になった負い目をもつ海軍としては、きわめて稀《まれ》なケースであったようだ（事実、恩赦は翌一九四三年三月には後任のデーニッツ提督によって原則廃止された）。

ところがレーダー総司令官の減刑の指示は棚上げにされ、バウマン宛の手紙も六月までで、その後は没収されていた。これについて、父オットーがフランス西部地区司令官に宛てた一〇月七日付の手紙がある。懲役一二年の恩赦の措置がまだ有効か変更されたのか、問いあわせる内容である。一人息子を脱走罪で銃殺されるよりは戦場で名誉の戦死をさせてほしいという、苦渋の思いからだろう。

バウマンはオットー四一歳のときの子であった。第一次世界大戦の終結をオットーはキールの軍港で水兵として迎えたが、反乱に積極的に与することはなかった。生涯、彼は皇帝ヴィルヘルム一世とその宰相ビスマルクを敬愛し、「信義」と「義務」を重んじる保守主義者であったというから、バウマンの戦死を願ったのだろう。バウマンは後年父の手紙についてこう記している。

「この手紙を四〇年後になってはじめて自分に関する記録文書から知った。そして何度も何度も読んだ。父は私のことを心配し苦しんでいた。私の行動は認めなかったにしても、父にはただ一人の息子だった。私を心底大事にしていた。そんな父をどんなにか苦しめたことか」

ともあれ、バウマンが恩赦の措置を通知されたのは一九四三年四月二九日のことである。バウマンとクルトは八カ月間意図的に、死の瀬戸際に放置されて苦しめられたわけである。

エスターヴェーゲン軍懲罰収容所

バウマンとクルト・オルデンブルクがボルドーからドイツ北西部オランダに接するエムスラントの収容所に移送されたのは、一九四三年五月一日のことだ。同地にはヒトラー政権になって一五の強制収容所が広範囲に点在する形でつくられ、ヨーロッパ全土から政治犯、ソ連兵やフランス兵などの捕虜が収容されていた。この一大収容所群に集められた囚人たちの重労働によって、広大な荒地の土地改良がすすめられた。

一五の収容所のうちエスターヴェーゲン、ヴァルフムなど六つの軍懲罰収容所には、軍法会議で有罪となったドイツ兵二万五〇〇〇～三万人がいた。二人はそのなかの、トルガウ軍刑務所送りの脱走兵が待機する、エスターヴェーゲン軍懲罰収容所に収容された。このエスターヴ

エスターヴェーゲン軍懲罰収容所（1950年代）（*»Was damals Recht war...«*）

エーゲンには、のちにニュルンベルク国際軍事裁判（以下ニュルンベルク裁判）で明らかにされた「夜と霧」（一九四一年一二月七日の総統指令にもとづき、国防軍最高司令部とゲシュタポにより自国領と占領地の反ナチ抵抗の被疑者約七〇〇〇人がドイツ国内に秘密裏に拉致処断された出来事）の拉致被害者も収容されていた。

記録によると、終戦時までに彼らのうち五〇〇〇～六〇〇〇人がトルガウに送られたが、少なくとも七八〇人が飢えと病気、虐待のために死亡している。バウマンも記している。飢えに苦しみながら毎日最大一二時間、泥炭掘りや道路づくりの重労働を課せられたこと、四〇〇人の監視兵のなかの根っからのサディストに苛《いじ》め抜かれた収容者が、絶望して囲いの高圧線に触れて感電しようとしたとか、線路に足を入れ故意に轢《ひ》かれて野戦病院に逃れようとした光景などについてである。

憎悪と蔑視

二人がさらに移送されてトルガウに着いたのは六月半ばである。移送の途中で二人はアウシュヴィッツが「この世の地獄」であることを知ったが、さらにこんな体験をしている。トルガウ近くの道で二人に束《つか》の間の休みを与えた軍曹は、歩いてきた二人の女性に向かって大声で言った。「見ろよ、この豚どもを、国を裏切った脱走兵だぞ！」すると女性たちは、二人のすぐそばに来て激しく唾を吐きかけたという。それは戦時下ドイツの脱走兵に向けられた国民大衆の侮蔑の思いを、端的に表した行動だろう。

シュテファン・ハンペルにも同様の体験がある。一九四三年五月、二人の護送兵が彼をフライブルクからベルリンに移送する途中、ベルリン赤十字の女性がスープを護送兵にだけあげようとし、ハンペルを横目で見てこう言った。「脱走したってこと？　犯罪者なのね。そばに寄れないわ！　二人の兵隊さん、空腹でしょう、一緒にあっちに行きましょう」。スープを皿によそう他の女性も彼に侮蔑の眼差《まなざ》しを向けていたという。

戦時下ドイツの国民大衆に異常に高揚した、ナチス体制に抗《あらが》う者に対する敵愾心《てきがいしん》を示すものに《エーデルヴァイス海賊団》の例がある。ナチス軍法の適用により「反逆者」として一九四四年一一月、このグループのメンバーであるバルトロメウス・シンク少年と仲間たち五人が、ケルンの広場で公開処刑されている。絶対的な指針である〈最終勝利〉の妨害者として処刑されたのだ。このとき、処刑を一目見ようと広場には二〇〇人余の住民たちが集まった。彼らから同情の声はなく、処刑されると一斉に拍手があがったという（A・ゲープ『処刑されたとき彼は一六歳だった』一九八一年）。

しかし、こうした憎悪に燃える人々の対極にごく少数だが、「ローテ・カペレ」のような戦争に反対し人間的連帯を失うまいとする人々もいた。さらにはベルリンのただなかで盲人作業所のオットー・ヴァイト（一八八三〜一九四七）を中心に、盲人ユダヤ人たちを救援するグループが活動した事実もある。極限状況が育んだ「沈黙の勇者《シュティレ・ヘルデン》たち」の人間的な絆の世界（岡典子）もあったのである。

トルガウ軍刑務所

トルガウ軍刑務所（正式にはトルガウ・ツィンナ城塞軍刑務所）は国内八カ所の刑務所（一九四二年）のなかの最大の刑務所であった。一九四〇年以降には同地に陸軍司法の本部も置かれ、さらに四三年には国家軍法会議も移転している。敗戦までの五年半に収容者数六万〜七万人、戦局が暗転した一九四三年後半になると収容された脱走兵の数が急増し、所内は囚人にあふれていた。飢餓、重労働、定期的な戦闘訓練、さらに規律違反に対する懲罰などによる死者の詳細は不明だが、少なくとも一三〇〇人以上が射殺され、拘禁や拷問などによる死亡は一万人以上だという。

トルガウ軍刑務所。第二次世界大戦後にはここで東ドイツのナチ戦犯や元軍司法官たちが収容処刑された（*»Was damals Recht war...«*）

トルガウ軍刑務所には消耗戦となった独ソ戦の最前線で「友軍の盾」となる兵士を供給する役割もあった。つまり懲罰部隊を代表する「第五〇〇執行猶予大隊」への編入準備という役割だ。先述のシュテファン・ハンペルもそうだったが、死刑をまぬがれたバウマンとクルトもこの部隊に編入されることになっていた。「兵役不適格者」と宣告された二人には、「戦力としての価値」を示す義務が課せられていた。この大隊は名称が表すように、刑の執行を猶予された囚人で編成された歩兵部隊である。この部隊には、指揮・監視する将校や下士官が、命令どおりに戦闘で勇敢に行動しない兵を処刑できるという苛烈な軍律があった。

二人がトルガウに着くと、虱《しらみ》の駆除のあと、喉の検査でバウマンはジフテリアと診断され野戦病院に隔離された。入院中に死ぬ者もいたが、彼は持ちこたえた。身体麻痺《まひ》や四肢痛のため歩けず、数カ月してようやく回復した。その間「半自由拘禁囚」としてレンガ積みや囚人服の手入れ（大抵の囚人服の胸部には銃弾による穴が空いていたという）を割り当てられたが、絶えず拷問による絶叫を聞き、塀の内側でおこなわれる処刑を見るよう強制されたと、彼は記している。

結局、二人は一五カ月間トルガウに収容されていた。別棟に分かれて顔をあわせる機会がなくなったためだろう、クルトについてバウマンは自分よりも二週間ほど先に東部戦線に送られて一九四五年に死んだこと以外、伝えてはいない。その情報も人伝に聞いてのことだろう。何月にどこで死んだのか、不明のままである。

ルカシッツとの出会い

トルガウで悲惨な体験をするなかで、バウマンが心に刻んだ出来事がある。それは、さきに述べたように、死刑判決を受けたヨハン・ルカシッツとの出会いと別れである。バウマンが再度野戦病院で治療を受けていた一九四四年二月最初の数日間のことのようだ。

ルカシッツはバウマンの隣の病床に臥《ふ》していた。深い絶望感を漂わせた、物静かなルカシッツは、このとき血の流れ出る両手首両足首の治療を受けていた。固く締め付けられた鉄枷《てつかせ》のために生じた深い傷の治療である。しかし治療の最中も枷を外されることはなかった。苦痛に耐えるほかない。彼はバウマンより二歳余年長だが、二人は心を通わせ、静かに話しあうことができた。ルカシッツは南ドイツのボーデン湖近くに生まれ育った妻リタのこと、子どものことをよく語った。バウマンは彼を人間的な思いやりのある「本当の平和主義者」であったと、敬意を込めて記している。

尊敬するルカシッツは病床から護送兵に連れ去られる間際、バウマンの耳元で悲痛な声で言った。「二度と戦争をしてはいけない！」と。それはバウマンの脳裏に深く刻みこまれたことばとなった。バウマンはいう。「私の全生涯は彼のこのことばに貫かれているのです」。

二月一一日、ルカシッツはハレで斬首刑に処された。

東部戦線・捕虜・解放

一九四四年九月、バウマンは懲罰部隊（第五〇〇執行猶予大隊）に組み込まれ、ポーランドへ、さらに古都レンベルク（現ウクライナ共和国領リヴィウ）を経てウクライナ西部に向かった。今日、この地域は、ヒトラーのドイツとスターリンのソ連に蹂躙《じゅうりん》され一四〇〇万人を超える無辜の民が犠牲となった「流血地帯《ブラッドランド》」（ティモシー・スナイダー）の一部として知られている。

バウマンも記している、「我々仲間が見たのは焼き払われた村々や野原であった、人々も動物もすべてが死んでいた、ヒトラーの〝焦土化〟の命令どおりに。私の頭には、負傷者たちの叫び声、道端に横たわる女性や子どもたちの姿が焼きついている」。

焦土となったウクライナの戦場で懲罰部隊に与えられた役割は、総崩れした国防軍の退却を最前線で守り、赤軍の追撃をわずかでも食い止めることだ。バウマンたちの背後には監視班が、前面には赤軍がいた。

ウクライナに投入されて三ヵ月後には仲間のほとんどが死に、バウマン所属の八〇〇人の部隊は消滅した。懲罰部隊の生き残りは五パーセント程度、それも重傷者が多かったという。戦場での死者には監視班によって銃殺された仲間も含まれている。バウマンは戦闘中も人を撃たなかったと述懐しているが、重傷を負った。弾丸が左胸上を貫通したのである。彼は他の部隊の兵士たちと一緒に収容され、一九四四年一二月のクリスマス直前、ブリュン（現チェコ共和国領ブルノ）の軍病院にいた。チェコ人の医師は慎重に治療にあたった。さもないとその傷が自傷によるものと疑われて、銃殺されるおそれがあった。現に手や足を撃たれた負傷兵は自傷とみなされ、処刑されるのが普通となっていた。バウマンからは何も言わなかったが、その医師はバウマンが懲罰部隊の一人、元脱走兵だと気づき、ヒトラーの戦争に反対するドイツ人だと察していたようである。

一九四五年四月三〇日総統ヒトラーが自殺し、五月八日戦争が終わった。赤軍の報復を恐れながら、バウマンはひたすら北西をめざした。いたるところすべての建物が破壊され、幾多の死者が横たわり戦車の残骸があった。チェコスロヴァキアとポーランドの境界近くの小さな村で、彼はソ連軍の政治委員の乗るジープに出会った。おつきの兵士に銃を突きつけられ、ロごもりながらも叫んだ。「私は強制収容所上がりだ、ヒトラーはクソ野郎だ！」、射殺をまぬがれ、捕虜になった。

バウマンは捕虜収容所に入れられたが、ナチスの被迫害者とみなされた。彼は政治的な捕虜として野戦病院で手当てを受け、ポーランド国境まで送られ解放された。郷里ハンブルクに着いたのは一九四五年一二月、クリスマス数日前のことである。

一九歳からの苛酷な戦争体験は四年一〇ヵ月で終わった。しかも彼はナチス軍司法の生き証人となって帰国したのである。

以上、ナチスの軍司法と断罪された人々の事例をルートヴィヒ・バウマンの戦争体験に収《しゅう》斂《れん》させて述べてきた。戦争は最大の愚行とはいうが、その愚行を軍法会議の存在と活動に焦点を当てて照らすと、やはり異常な姿が浮かび上がる。

本書でつぎに問いたいことがある。それは、前線銃後の人々を軍法違反として大量に処断した軍司法官たちと、断罪され辛くも生きのびた人々にとって、戦後はどのようなものになったのかということである。次章ではその様相を見つめることにしよう。

Ⅱ　引き継がれるナチスの判決と罵倒される脱走兵

1　アデナウアーの内政と居座るナチス軍司法官

アデナウアーの「一九四八年七月二一日の演説」

ドイツ連邦共和国（西ドイツ）の初代首相コンラート・アデナウアー（一八七六～一九六七）は、よく「国父」とか「建国の父」と呼ばれる。彼は東西冷戦の始まりから一貫して西側への統合・反共の立場を堅持した、冷徹なリアリズムの保守政治家として知られている。

アデナウアーの首相就任は、一九四九年五月のドイツ連邦共和国基本法（＝ボン基本法）の公布、施行を経た九月のことだが、前年七月二一日に首都のボン大学で学生たちにおこなった講演がある。それは、ナチス主要戦犯を断罪したニュルンベルク裁判（一九四五年一一月～四六年一〇月）に続いて、アメリカ軍が主宰した継続裁判（一九四六年一二月～四九年四月）のうち、国防軍の犯罪責任を問う「国防軍最高司令部裁判」の判決が迫っていた時期のことである。すでに米英仏ソによる占領地区やナチスドイツの支配下にあった国々で、親衛隊員やドイツ兵が数多く裁かれていたこともあって、軍事裁判をめぐって戦争犯罪に名を借りた勝者の裁判だとする不満が、ドイツ人一般大衆のあいだに高まっていた。アデナウアーはそうした雰囲気のなかで、はっきりこう語っている。

「これまでドイツの将校であった人々が、ここイギリス占領地区で不当に扱われているのは誤りだし、将来の政治的発展という見地からすると悲しみに耐えない。（拍手）イギリスやフランス、アメリカの将校たちと同じように、わが将校たちや軍の職員たちは、真面目にしっかり義務を果たしたにもかかわらず、誹謗《ひぼう》中傷のせいでそうなったのだ。（拍手）（中略）そもそも我々ドイツ人は本当にどうしようもなく堕落したのだろうか、実際にドイツ人が、職にあった将校たちがそんなに恥ずべき輩だったのだろうか？　ヒトラーは特別に重い罪を負っていた。またヒトラーを助けた者たちや、彼に十分に抵抗できる立場にありながら、そうしなかった者たちは全員断罪された。しかしいずれにせよ、ナチズムの一二年間というのは、ドイツ民族のこれまでの歴史から見れば、一つのエピソードにすぎない（傍点——對馬）。ナチズムが信じがたい奈落の底にドイツ人を追いやったことは本当だ。しかしそれはドイツ人にだけ当てはまることだろうか。（拍手喝采）世界はヒトラーが死に、ナチズムが消滅してから、正義が支配し平和で静かな世界になっただろうか?」

（『コンラート・アデナウアー――演説選集一九一七～一九六七』一九七五年）

これを読んでどのように感じるだろう。大衆迎合的な発言は政治家の常だが、外政はさておき、内政を見るかぎり、アデナウアーはヒトラーの独裁制を、誇るべきドイツの歴史のなかの「一つのエピソード」だと相対化している。ここではヒトラーとその一味に罪がすべて着せられ、戦犯とされた国防軍の、軍司法官も含め高位軍人たちは擁護されている。さらにこの演説には、ナチス支配とその犯罪について、ドイツ人の被害者意識を煽《あお》るような響きがある。

それだけにアデナウアーには、ナチス支配に抗した有名無名の市民が存在し、彼らが民族法廷や軍法会議で苛酷に処刑されたという事実に目を向ける姿勢はない。彼自身は、たしかにナチスに非協力的な人物としてケルン市長を罷免され、ゲシュタポに終始監視された一人ではあった。だが元々反ナチ運動には背を向けていた。だから戦後初期には命を賭した抵抗者たちの行動に共感することも、その死を悼むこともなかった。のちに追悼式に出席し彼らを称《たた》えることはあっても、あくまでそれは政治的な行動である。

拒絶されたヤスパース

　このように述べてきて思い浮かぶのは、かの哲学者カール・ヤスパース（一八八三〜一九六九）とアデナウアーの姿勢が対極をなしていることだ。もちろん思想家と政治家には立場の違いがあって当然だろう。とはいえ、二人の違いには考え込まされてしまう。ヤスパースはユダヤ人の妻ゲルトルートとの離婚を拒否し、さらに一九四五年四月一四日に予定されていた妻と自分の強制移送に対しては、自殺まで覚悟していた。その彼は復職したハイデルベルク大学の一九四五／四六年冬学期、学生たちに反ナチ抵抗者たちの運命を引きあいに出して語っている。ようやく得られた自由な雰囲気にあって、我々が新生ドイツをどう生きるか、今次戦争に対して罪を償う責任はないのか、自省し対話しようではないか、と。この連続講義は一九四六年春『戦争の罪を問う』（原題『罪の問題』）の書名で公にされた。

　ヤスパースこそ、ナチス支配崩壊後の自国ドイツについて、ドイツ人に理性的に語りうる立場にあったと思うのだが、彼の発言は冷淡に受け止められ非難さえされた。失望した彼はその後スイスのバーゼル大学に去った。一方、「罪」について問いかけられた人々にすれば、ヒトラーに熱狂したあげく、戦争に引きずり込まれその悲惨さを体験した一二年間ではあっても、その年月を否定したくない、さもなければ生きた人生が無意味なものになってしまう、こうした意識が働いたのかもしれない。

　ここで述べたいのは、敗戦国民ドイツ人の強烈な挫折体験が反ヤスパース的な、自省とは程遠い、ヒトラー独裁制をみずからのものととらえて反省することのない精神状況を生んだこと、しかもそれが一九五〇年代以後も続いたことである。

「過去」にふたをする

新旧キリスト教の合同新党として結党されたキリスト教民主同盟（CDU）の党首であった連邦首相アデナウアーの戦後政治は、一九六三年まで一四年間続く。この間、西ドイツはパリ協定（一九五四年）による主権の回復と西側軍事同盟NATOへの加盟、さらに再軍備・徴兵制の導入へと、東西対立の最前線に立つ反共の自由主義国家として歩んでいく。

アデナウアー内政の特徴は、膨大な元ナチ党員を新体制に取り込み、ナチス支配を支えたエリートを新政権に登用したことだ。それによって社会的統合を図り、新体制でも「有能な人材」を活用しようとしたからである。だがそれは、ナチスの不法に彼らが協力加担した事実、本来ならそのために負わねばならない責任を、新体制が見逃し免責することにつながっている。

この点で、ナチ党員の排除とナチスの犯罪の追及を徹底したドイツ社会主義統一党（以下SED と略記）一党支配下のドイツ民主共和国（東ドイツ）とは対照的である。

こうした事情もあって、ナチスの過去は封印された。それは戦後社会の保守的な風潮にも沿っていた。戦時下の窮乏生活のあと、「奇跡の経済復興」によってようやく訪れた安定した生活を楽しみ、嫌な戦争のことも忘れ、政治にも引きずり回されまいとする雰囲気が社会を覆っていたからである。

アデナウアーが一九五二年一〇月連邦議会で野党のドイツ社会民主党（SPD、以下社会民主党あるいは社民党と略記）議員に語ったという有名なことばがある。「ナチについて嗅ぎ回ることはお終《しま》いとすべきだよ。ものごとを始めるには終わりにすることを知らないとね」。この姿勢は反ナチ抵抗者の後任に元ナチ党の有力者を据えた組閣人事にも示されている。

たとえば、アデナウアーの没道義の政治姿勢に反発していた反ナチ抵抗グループ《クライザウ・サークル》の生存者で、第一次内閣の難民相ハンス・ルカシェク（一八八五〜一九六〇）の辞意を受け、第二次内閣では後任に元ナチ党員で党の有力ブレーンであったテオドア・オーバーレンダー（一九〇五〜九八）が充てられた。彼は第三次内閣でも再任されるが、一九六〇年四月東ドイツの最高裁から、東欧占領地区のユダヤ人・ポーランド人虐殺のかどで終身刑の欠席判決を受け、結局五月に辞任した。

ともあれナチス体制の元幹部や有力党員の登用・復権は、各界からの嘆願運動を追い風に、恩赦令が議会で可決されることで貫徹された。現代史家ノルベルト・フライによると、一九五〇年春の国内収監の戦犯三四〇〇人は、一二ヵ月で半減し、一九五二年一月末には一二五八人にまで減少したという。

では、「過去」に目を閉ざす社会の保守化と、それを助長するアデナウアー政治のなかで、軍司法官の戦後は、どうなったのか。彼らはどのように行動したのか。

軍司法官たちの戦後

親衛隊、ゲシュタポ、親衛隊保安部（SD）はニュルンベルク裁判で、いち早く「犯罪組織」として断罪されたが、国防軍と軍司法が解体されたのは正式には一九四六年八月になってからである。これにより軍司法官も「将校と同等の国防軍の官吏」という身分を失い、ナチス軍法を代表する「一九三八年軍法」も破棄された。

さきに挙げたアメリカ軍主宰の継続裁判のなかには「法律家裁判」もあったが、起訴されたのは、民族法廷（長官フライスラーは終戦直前空襲による爆撃で死亡）や特別法廷の司法官、司法省の高官たち一六人、有罪となったのは一〇人である。だが有罪となった者もその後恩赦で釈放され、高額の年金を支給され安逸な生活を過ごすことになる。

軍司法官の裁判は「国防軍最高司令部裁判」に組み込まれ、被告人となったのは、国防軍の法務局長ルドルフ・レーマン（一八九〇～一九五五）ただ一人、他にはいない。レーマンはその立場上、陸海空の軍司法官たちの代表として被告人席に座り、禁固刑七年の判決を受けた。とはいっても、彼も恩赦で釈放となり、拘禁は一年一〇ヵ月足らずで終わっている。

そのほかの現職軍司法官は、終戦時に勾留され失職したが、裁判もなく釈放された。しかもほとんど全員が一九五〇年代には、司法界や官界その他の分野で専門職に収まっている。

これについて、一九五六年四月時点の元陸軍司法官二四六人の勤務先に関する調査がある。それによると、一〇七人が司法界に復帰して六八人が裁判官（連邦最高裁判所二、上級地方裁判所六、地方裁判所二七、区裁判所二五、行政裁判所四、社会裁判所一）、三九人が検事（地方・上級地裁の首席検事五、検事三四）になった。ほかの一三九人も国防省その他の中央省庁に勤務し、一部は局長や部長など高い地位についている（M・メッサーシュミット、前掲書）。

要するに、ナチス軍司法の担い手はほとんどが西ドイツ司法界・司法機構に横滑りするか官界に任用されて昇進し、社会エリートでありつづけた。もっとも、彼らの移動した戦後の司法界そのものが、ナチズムに積極的に同調した人々によって占められていた。占領期から一九七三年までの連邦司法省の足跡をたどった『ローゼンブルク文書』（二〇一六年）によると、一九五〇年代末までナチ党員、突撃隊員歴をもつ司法官僚が多くの部局で七〇パーセント以上を占め、一九六〇年代になってようやく減少したという。

自分を免責する軍司法官

軍法会議で脱走兵三万五〇〇〇人が死刑を宣告され、国防力破壊のかどで民間人を含め三万人以上が重い刑罰を受けた。この実態が暴かれるようになるのは、一九八〇年代以降のことである。だから軍司法の実態が不明のままで責任者レーマン一人だけが裁かれ、他の軍司法官は一時勾留されたにとどまった。

とはいっても軍司法そのものが問われなかったというのではない。軍法会議に対する恐怖は、応召し復員した人々に鮮烈な印象として残っていた。軍司法に対する訴えは出されたし、マスメディアによる非難や告発もあった。

戦時の二五〇〇人を超える軍司法官の大半はソ連占領地を避け、米英仏の占領地区に残留ないし移動しただろう。その西側の元軍司法官から有罪者が出てもよさそうなものだが、結局一人もいない。一方、東ドイツでは一九五〇年代半ばまでに、少なくとも一三九人が禁固刑か死刑の判決を受けたという。

どうして西ドイツではこうなったのか。一言でいうと、軍司法官たちは早々と自分たちで免責を図り、戦後社会にうまく乗り移ったからである。前章で述べた二人の人物、元国家軍法会議長官マックス・バスティアンとウィーン大学教授兼軍司法官エーリヒ・シュヴィンゲは、その中心的な役割を演じた。二人の戦後について紹介するとこうなる。

国防軍法務局長レーマンに次ぐ高位の軍司法官バスティアンの場合、終戦前の一九四四年に退職していたが、一九四七年三月「戦争犯罪」の容疑でイギリス軍政府に逮捕され、その後フランス側に引き渡され一年余り勾留された。しかし裁判はなく彼は翌年四月には釈放され、年金受給の生活に入っている。

勾留中に占領軍当局に提出した自筆の覚書「私の原則」のなかで、彼は、軍法会議とりわけ国家軍法会議がナチス政治指導部から「独立したフェアーな裁判」をしたと強調し、「良心に

マールブルク大学教授シュヴィンゲ（1950年代）（*»Was damals Recht war...«*）

誓って人道に対する罪に問われることを否定する」と、尤《もっと》もらしく弁明している。その証《あかし》として彼が挙げたのが、トルガウの同僚ヴェルナー・リュベンの自決である。

リュベンはバウマンの心の友ヨハン・ルカシッツを含む一一〇人以上に死刑判決を下した軍司法官であった。だがバスティアンの覚書では、彼の自決が「良心の葛藤」による行動として意義づけられ賞賛されている。リュベンは、将軍たちが参列しバスティアン自身も遺体に献花するなど、ナチス軍司法の勇者としてトルガウの地で盛大な追悼行進で称えられたが、戦後になると今度は逆にナチスの暴虐に抗した「司法の殉教者」として追悼されていく。ここには正反対の見地から一人の人物を称える、なりふりかまわず豹変《ひょうへん》する軍司法官たちの態度が表れている。なおバスティアン自身も一九五八年にはドイツ連邦軍海軍の盛大な追悼の礼を受け埋葬された（ミュンヘン現代史研究所「証言録 Online ZS 1483」およびN・ハーゼ「国家軍法会議裁判官と戦後のキャリア」J・ペレルス／W・ヴェッテ編『やましさのない心をもって——連邦共和国の軍司法官と犠牲者』二〇一一年所収）。

もう一人のエーリヒ・シュヴィンゲは苛酷な軍刑法および『軍法典注釈書』を作成し、さらには陸軍の軍法会議を指揮し一六件の死刑判決を下した。彼は戦時に赴任したウィーン大学を一九四五年三月に追われた。その後二カ月ほど北イタリアで戦闘中の部隊の臨時司法官を務めたが、捕虜となりオーストリア・チロル地方のイギリス軍刑務所に半年間勾留された。釈放されて帰国後、どのように立ち回ったかは不明だが、非ナチ化の審査では潔白と判定され、社会的権威の高いマールブルク大学に復職した。ナチス軍司法を理論・実践の両面で先導したナチス信奉者という履歴からすると、シュヴィンゲという人物、なんともうまく戦後ドイツの世界に跳び移ったものだと驚くほかない。以後、彼は軍司法官時代の言動については口を閉ざし、二〇年余も教授を務め、その間法学部長や学長になるなど、刑法学者としても名を馳せる。その一方で一九四七年ヴェネツィアでおこなわれた軍事裁判でのケッセルリンク元帥の弁護に始まり、軍刑法の専門家、鑑定者として国内外一五〇件に及ぶ国防軍・武装親衛隊の刑事裁判で弁護活動をおこなっている（D・ガルベ「マールブルクの軍法律家エーリヒ・シュヴィンゲ教授」A・キルシュナー編『脱走兵・国防力破壊者・裁判官』二〇一〇年所収）。

二人に共通した行動がある。それは元同僚・軍司法官たちの結束とネットワークづくりを先導したことである。彼ら二人の活動を抜きにして、地位と名誉を兼ね備えて戦後に生き残る元軍司法官たちの境遇を語ることはできないだろう。

「元軍法律家連合会」の活動

さきの『ローゼンブルク文書』によると、元軍司法官たちは連邦司法省内部での再軍備の諸々の論議やその法案づくりにも深く関与していた。

繰り返すが、ナチス軍法会議の詳細は久しく不明であった。だが応召した民間人だけでなく職業軍人にも、軍司法官は「血に飢えた行動」をとった存在として映っていた。しかも終戦直前の一九四五年三月末まで、少なくとも将校だけで八〇人も処刑された《七月二〇日事件》を聞き知る軍人たちにしてみれば、軍法会議そのものに対する負のイメージは強烈である。朝鮮戦争の勃発（一九五〇年六月）を契機に、元高位軍人たちの専門家会議が作成した再軍備の基本構想「ヒンメロート覚書」（一九五〇年一〇月）が、新生ドイツ軍の創設を前提に「文民の専門家」を加えた軍司法の抜本的な改編作業を求めるのも、そのためであった。

もっとも、新生ドイツ軍＝ドイツ連邦軍の人材の供給源はさしあたり旧国防軍に求めるほかなかった。そのため旧軍を捕虜の大量殺戮《さつりく》やホロコーストとは無縁の「清潔な国防軍」として取り繕い、軍人も戦犯ではなく名誉ある存在として復権させることが急がれた。

元軍司法官も同様である。すでに軍司法に対する不信や疑念が、断罪された本人、遺族の訴えとなって表れていた。これに対処するには、結束してナチス軍法会議を正当化し批判の余地をなくす必要があった。さらに反共・再軍備を担う軍司法の存在意義を示すことが、みずからの保身につながった。

こうした意図から、バスティアンは職業軍人たちの「ドイツ軍人連盟」（政府の後援で一九五一年設立、戦友親睦と戦犯恩赦を掲げる再軍備推進の運動団体）に倣《なら》って、かつての国家軍法会議の同僚一〇〇人余に呼びかけ、一九五二年「元国家軍法会議司法官定例会」（以下「定例会」）を立ち上げた。

一方、いち早く大学に復職できたシュヴィンゲもマールブルクを拠点に連絡網をつくり、さらに軍刑法作成時代の盟友でフランクフルト行政裁判所所長ハンス・ドンブロフスキィ（一九〇一～七六）を支援し、利益団体の結成を促した。その成果が「定例会」と同年に組織されたドンブロフスキィ主宰の元陸軍司法官八〇〇人以上を擁する任意団体「元軍法律家連合会」である。

これら両団体は緊密に連絡を取りあい、かつての同僚を復職させる情報ネットワークとなり、さらにドイツ連邦軍に軍司法部門を設立させる強力な圧力団体ともなった。「連合会」の一九五四年五月の例会には、バスティアンや釈放されたルドルフ・レーマン、さらに「ブランク局」（国防省の前身）や連邦司法省の幹部たち二四〇人ほどが出席している。同志的な後継者の養成、ナチス軍司法に対する「肯定的な世論づくり」、さらに将来に向けて軍司法の歴史像をどうするかが話題の中心となった。実際、それが具体的な運動方針となって一九五七年の例会では、世間に良いイメージを与える「ドイツ軍司法史の作成」が決議されたという（C・バーデ「〝真の規律の番人として……〟——元国防軍法律家たちの連絡網と歴史政策」ペレルス／ヴェッテ編、前掲書所収)。

こうした非公式で内密に事を運ぶ互助組織・圧力団体の活発な活動があったから、彼ら軍司法官は短期間で法曹界に復帰し昇進できたし、そのロビー活動によって戦後ドイツの軍司法も再建されることになった。

【付記・議会内外の激しい論議を経てボン基本法は、一九五六年に良心的兵役拒否(四条三項)を前提に兵役義務(一二a条)、新たに軍司法についても規定した(九六条二項)。これとともに同年三月には軍人の法的地位に関する「軍人法」が定められ、さらに翌年三月には軍司法官たちの熱望した軍刑法も制定された。だが軍法会議の再導入は今日まで実現されず徴兵制も二〇一一年から停止されている。】

このように見てくると、元軍司法官が単に自己の保身にとどまらず、積極的に司法界全体にも影響力を発揮していたことがうかがわれる。バスティアンが「定例会」の報告文書(一九五七年四月)で、「これまで結束し軍法会議に関するいくつかの訴えを防ぎ、軍法会議が容赦なく処罰したと非難する新聞記者たちに、疑いを晴らす説明をした」と伝えているのを読むと、その活動の実態もわかる。

こう述べてきて、気になったことがある。彼ら元軍司法官は法の番人として、ナチス軍司法とその責任について考え、あるいは与した自己自身について問うことはなかったのかということとだ。限られた文献からだけだが、自己批判とか軍法会議の問題性を総括する姿勢はまったく読みとれない。彼らは戦後も依然としてナチスの不法に無自覚で無頓着な専門家集団でありつづけた。むしろ筆者の抱くような疑問は、的外れなのだろうかと思うほかない。

2　引き継がれるナチスの判決

無視された司法改革

法の不遡及ということばがある。法の効力をその施行以前に遡って適用しないという原則のことだ。ニュルンベルク裁判で導入された「人道に対する罪」は、この原則の範囲内では裁けないほどの巨大な「ナチ犯罪を包括する犯罪概念」（芝健介）といわれる。この見地から「人道に対する罪」は「連合国管理理事会法第一〇号」（一九四五年一二月）の規定となり、その後の継続裁判さらにドイツ国内の裁判にも適用された。

ナチ政権に教授職を追われ、終戦直後ハイデルベルク大学の法学部長に復職した人物に、グスタフ・ラートブルフ（一八七八～一九四九）という著名な刑法学・法哲学の学者がいる。ラートブルフはナチスの立法とくに刑法典を「法律の形をした不法」であると断定し、法の本質は人道と正義への奉仕であると説いた。彼には戦後ドイツの法学教育の刷新ひいては司法改革を期待する法律家の衆望が集まっていた。そうした改革派の専門紙『南ドイツ法律家新聞』に、ラートブルフ自身も一九四六年八月「法律の形をした不法と法律を超える法」という論考を載せ、「管理理事会法第一〇号」に則した司法の判断を称えている。その一つに東側ドイツでのつぎのような脱走兵不起訴の事例がある。

一九四三年東部戦線で非人道的な捕虜の扱いを嫌って脱走した見張り役の兵士が、いったんは捕らえられたものの捕吏の拳銃を奪い、彼を殺害してスイスに逃走した。終戦の年に彼は郷里ザクセンに戻り逮捕され、検事局は謀殺罪で彼を訴追しようとした。だが検事長は非常事態の罪は問わないという刑法五四条（緊急避難条項）を適用して、訴訟手続きの中止と彼の釈放を指示した。その理由はこうである。「当時、法として制定され適用されたものであっても、それは、今日ではもはや通用しない。ヒトラーとカイテルの軍隊から脱走したことは、我々の理解からすれば誤りではなく、脱走者の名誉を奪い処罰する理由とはならない。脱走は彼に責めを負わすものではない」（ラートブルフ「法律の形をした不法と法律を超える法」E・ヴォルフ／H・P・シュナイダー編『法哲学』一九七三年所収）。

ところがラートブルフの称えた右の脱走兵不起訴の事例は、西側では生じなかった。もともと、戦後まもない西側ドイツの司法界は連合国軍政府の指針を「勝者の司法」と見て反発していた。くわえて「制定された法律は内容を問わず法律だ」とする伝統的な思考が根強くあった。

そのためナチスドイツを「不法国家」と批判したラートブルフの思想は拒否され、ソクラテスの故事にいう「悪法もまた法なり」は依然として遵守された。この立場からナチス国家は法治国家とされ、軍法による断罪も正当とみなされることになった。

連邦共和国が成立すると、こうした傾向はいっそう明確になった。いわゆる〈司法の復古〉である。「管理理事会法第一〇号」の人道に対する罪の規定も、ボン基本法の禁ずる事後法にあたるとして一九五一年九月以降適用されず、五年後には正式に破棄された。ナチス犯罪を裁く根拠はドイツ刑法の規定だけとなった。

父が反ナチ抵抗市民として処刑された政治学者J・ペレルスによると、ユダヤ人虐殺についても、特別行動部隊の各隊責任者の九〇パーセントが犯罪の正犯から従犯に格下げされて減刑になり、遅くとも一九六〇年代には釈放されたという。

こうした状況からすれば、軍法会議で有罪となった者や遺族が判決を不当とする訴えを起こすことを躊躇《ちゅうちょ》するのも当然だろう。しかも訴えるには相手を特定しなければならず、その情報が得にくいだけに容易ではない。時間も裁判費用もかかる。さらに彼らに向けられる世間の冷笑や誹謗に身を晒すのは、大きな勇気がいる。訴訟を起こすには様々な困難があったのだ。

このために一九四〇年代末になると犠牲者や遺族の訴えは限られるようになった。そのなかに直接元軍司法官に対して司法犯罪だと告訴したものが数件ある。どの訴訟でも軍司法官は無罪となったが、以下二つの例を示そう。

元海軍司法官リューダーの無罪

カール・リューダーはバウマンとクルト・オルデンブルクに死刑判決を下した人物であった。そのリューダー自身が戦後、断罪した水兵ノヴァックの遺族に訴えられた。事の起こりはこうだ。

リューダーはベテランの海軍司法官として一九四三年以降、ノルウェー西海岸を管轄する海軍本部付上級司法官となっていた。そこで彼は無条件降伏直前の一九四五年五月四日に軍法会議を指揮し、ヴォルフガング・ノヴァック水兵と仲間五人を断罪した。ノヴァック二等水兵はバウマンと同年同月生まれの二三歳、ノルウェー・クリスティアンサンに停泊中の海軍哨戒艇《しょうかいてい》に勤務、営内病室でナチスを嫌う仲間たちと四月から外国放送を傍受しつづけ、ドイツの敗北が間近なことを確認した。彼らは泥酔し、イギリスにボートで渡る議論をして大騒ぎになった。鎮静薬を注射しようとした軍医を、ノヴァックは「ナチの豚野郎は触るな！　二週間もしたらナチ体制もなくなるぞ」と罵倒、このあと六人全員が逮捕された。

五月四日艦上でおこなわれた即決裁判でリューダーは、ノヴァックたち六人に「国防力破壊」と「軍律破棄行為」のかどで死刑判決を下した。だが判決日は海軍の部分降伏調印日にあたり、翌日五日午前八時に発効して艦が引き渡されることになっていた。こうしたなかでリューダーは、パール艦長に執行を許可し、翌早朝六人を艦上で処刑させた。

【付記・五月八日の全面降伏後も軍法会議はデンマーク、ノルウェーでは兵士の本国送還や収容所からの釈放まで「規律の維持」に責任があった。すでに連合国軍政府は五月四日付で「法律一五三号」を発し、「(連合国軍に)占領された地域」での一九三八年軍法の執行停止と、海軍軍法会議で二年以上の自由刑を科す際に、連合国軍政府の許可を得なければならないことを指示していた。だがその指示は即座に伝達されず、五月一四日になって海軍法務部長ルトルフィ提督から表明されたという(L・グルッフマン「第二次世界大戦のドイツ海軍司法の文書」『季刊現代史』一九七八年所収)。】

これで終わったかに見えた。リューダーは終戦時にほかの軍司法官と同じように、ハンブルクのイギリス軍刑務所に短期間勾留。失職したため庭師として働くが、一九四八年秋に再び勾留された。水兵ノヴァックの知人が手紙(一九四六年三月一日付)で、両親になぜ息子が処刑されたか、事の詳細を伝えたからである。この即決裁判をめぐり、検察が艦長と司法官を起訴するか否か捜査のために勾留した。だが二人は判決を下した時点では軍の降伏を知らなかったと釈明しつづけ、認められた。翌年には捜査手続きが停止、二人は釈放された。

ところがノヴァックの父はリューダーを、「管理理事会法第一〇号」にいう「人道に対する罪」のかどで一九五一年ハンブルク地裁に訴えた。地裁は六月、リューダーを有罪とするには「十分な証拠が欠けている。(中略)死刑判決を過重で残虐な処罰とみなすことはできない」として、無罪判決を下した。検事局が連邦最高裁判所に上告すると、連邦裁第二部は一九五二年一二月判決を破棄し、ハンブルク地裁に差し戻した。このとき第二部の下した破棄の理由にはこう記されている。「地裁に『管理理事会法第一〇号』にもとづいてノヴァックに対するリューダーの死刑判決の是非を包括的に評価する権限があるか否かは決めがたい。検事局がこの第一〇号をもってリューダーを有罪とみることが法的に有効か否かについても同様である。（中略）仮にノヴァックに対する死刑が過重で残虐な処罰であるとしたら、軍法会議の決定には事実の認定と法解釈上の誤りがあると推量される。（中略）だがナチス支配下の軍法であろうとも、軍法に定めた罰則に対してドイツの裁判官は配慮すべきである」。

ハンブルク地裁は翌一九五三年四月、五五歳になるリューダーに再び「証拠不十分」により無罪判決を下した。判決はこう結ばれている。「被告リューダー博士が軽率に、あるいは意識的に法に違反したかという点に関して、当法廷はそうした事実がないと判断する」（A・L・リューター＝エーラーマンほか編『司法とナチス犯罪』第一〇巻、一九七三年）

通読すると、「人道に対する罪」という訴因（犯罪の具体的な事実）をどうとらえているのか不明瞭であり、連邦最高裁判所の曖昧な立場が目につく。さらに裁判全体を通して、一九三八年軍法の執行停止等を指示する連合国軍の「法律一五三号」ではなく、国防軍の軍裁判権を前提として認め、ノヴァックの断罪そのものが問題にされていないこともみてとれる。

こうして無罪となったリューダーだが、その後法曹界に復帰したか否かは不明である。

ガイル水兵の死刑

類似の訴えがある。海軍無線兵アルフレート・ガイルはドイツ中部の都市カッセル出身の二〇歳。一九四五年五月五日、乗船する高速魚雷艇がデンマークのグレーノ港に停泊中、海軍の部分降伏を知った。先輩の兵士ヴェアマン（二六歳）から「今後イギリス軍の捕虜となるが、そうなるのはごめんだ」と誘われ、ガイルはもう一人の仲間シリング（二三歳）とも一緒に離隊しようと上陸した。だが彼らは武装したデンマーク人たちに拘束され、所属する隊に引き渡された。五月九日朝、急遽《きゅうきょ》軍法会議が設置され、「終戦後でも軍の規律は維持される」とされ、脱走のかどで三人に死刑判決が下された。彼らは翌一〇日艦上で銃殺された。彼らにすれば戦争が終わった今になってなぜ処刑されるのか、わからなかっただろう。

処刑されたアルフレート・ガイル水兵（J. Kammler: *Ich habe die Metzelei satt und laufe über...*, 1997）

一九四九年アルフレートの母によって「人道に対する罪」で艦長ペーターゼン、海軍司法官ホルツヴィッヒたち五人が告訴される。これをめぐってノヴァック水兵たちの場合と同様、ハンブルク地裁で無罪、上告、連邦裁第二部で審理差し戻しの経緯をたどり、最終的に一九五三年二月ハンブルク地裁で無罪となった。無罪判決の理由は「処罰する規定がない《タブラ・ラサ》」（「管理理事会法第一〇号」は適用されないこと——對馬）である（前掲『司法とナチス犯罪』）。

のちにガイルの郷里にある、カッセル大学の政治学者ヨルク・カムラー（一九四〇〜二〇一八）が調査したところによると、一九四九年のハンブルク地裁での審理に「権威ある」軍法の鑑定者としてシュヴィンゲ教授が呼ばれ、彼は「ナチス支配が終わろうとも軍法は維持され重視される」と原判決の正当性を強調したという。

シュテファン・ハンペルの補償請求

ナチス軍法による処断が正当とされるなかで、断罪された人々や遺族がとった行動がある。それは戦後東西ドイツで設けられた、ナチス犠牲者のための被害補償を請求することだ。

軍法会議で処断された者や遺族には最初から年金の受給資格がなかった。脱走や兵役拒否、国防力破壊のかどで処罰された人々は、ナチス崩壊後の社会でも依然社会のはみ出し者であった。なにしろ公文書に「前科者」の記録があったからだ。そのため過去が知られると、正業に就いて生計を立てることが難しくなり、生活も困窮した。彼らは窮状を打開する一縷《いちる》の望みを被害補償に求めようとした。

これについて、戦後に生きのびた脱走兵シュテファン・ハンペルは自分の体験を語っている。

ハンペルは一九四六年一二月東ベルリンに帰り、中断していた政治学の勉学をフンボルト大学で再開しようとした。だが「ブルジョア階級の出身」という理由でその希望を退けられ、翌年東ベルリン市政府にナチス被迫害者への補償の前提となる「ファシズムの犠牲者」の認定を受けようと申請した。だが共産党員か反ナチ抵抗者であることが優先され、彼の申請については「脱走は反ナチの抵抗ではない」として撥《は》ねられた。こと脱走兵となると、東西ドイツとも拒否する姿勢は同じであったようだ。

一九五一年西ドイツ、デュッセルドルフに移り住んだが、脱走兵という理由で定職に就けず、日雇いのきびしい生活を送るほかなかった。詳細は不明だが、ハンペルはナチスの不法の犠牲者に対する個人補償を定めた連邦補償法（一九五六年）にもとづいて「政治的被迫害者」の申請を提出した。だが当局の係官はその申請を絶対に認めようとしなかった。ハンペルは怒って最終手段として州内務相の執務室に押しかけ、ホロコーストを目撃したショックで脱走兵となったこと、ユダヤ人住民を一人たりとも撃たなかったことを涙ながらに訴えた。この直訴が成功した。彼は脱走兵でも兵役拒否者でもなく特別に「良心に従った罪人《ゲヴィッセンス・テーター》」と認定され、死刑囚として獄につながれた日にち分（一日あたり五マルク）の金銭補償と少額の年金が給付されるようになったという（「〝当時適法であったものが……〟――国防軍軍法会議で裁かれる兵士と市民」アーヘン市民大学授業資料）。

こうしたハンペルの補償の処遇はあくまで例外的なものである。以下に見るルイーゼ・レールスのような事例が一般的であった。

ルイーゼ・レールスの補償請求

後年バウマンの名誉回復の活動を支えたルイーゼ・レールスは前章で述べたように、一九四四年の《七月二〇日事件》の失敗を「残念なこと」だと言ったために密告され、国防力破壊のかどで死刑判決を受けたが、妹の助命嘆願で懲役一〇年に減刑になった女性である。彼女は三六歳のとき、ナチス迫害の犠牲者として一九四九年八月にブレーメン州など四州で公布された「ナチス不法行為補償法」にもとづく被害者申請を同年九月におこなった。

だがブレーメン州では手続き・関連規定などが整っていなかったという事情があり、レールスの申請は未処理となっていた。そのため一九五六年六月二九日に制定された連邦補償法の規定により、あらためて「政治的な敵対関係により迫害されたことへの補償」を求める彼女の申請が審理された。同法の「一条一項」は「ナチス迫害の犠牲者」についてこう定義している。

「ナチズムに対する政治的な敵対関係という理由から、あるいは人種、信仰、または世界観上の理由から、ナチスの強制処置によって迫害され、それによって生命、身体、健康、自由、所有権、財産について、（中略）被害を受けた者である」

レールスは一九四四年七月二一日から四五年五月一三日まで約一〇カ月拘禁されたために生じた、財産と所得の損失に対する補償金を請求した。最初の申請から一〇年以上を経た一九五九年一一月二七日、ようやくブレーメン州補償局は決定を下した。決定は彼女の申請の却下である。理由書は大要こう記している。

申請者には連邦補償法一条一項にいう「ナチズムに対する政治的な敵対関係」の条件は当てはまらない。軍法会議の記録によると、ヒトラー暗殺未遂の翌日、暗殺が成功していたら平和になるだろうと申請者は考えた、とある。当時こうした考えを口にするには勇気が要ったにしても、申請者がナチズムに政治的に敵対していたとは認めがたい。なぜなら「政治的な敵対者」の概念は「ナチズムについてその諸原理、目的、方法すべてを拒否する立場」を含むものであって、個別的な事柄について批判するとか、不満や怒りを表すこととは異なっている。現に申請者は、ナチ党の地区婦人部でナチズムに肯定的な意見を述べたと裁判記録にある。軍法会議で下された判決理由でも、申請者がナチズムの敵対者であったとは結論づけられてはいない。以上により、申請者は連邦補償法一条の条件に合わず、補償理由に欠ける（前掲「ゲオルク・エルザー運動」）。

これが一〇年余も結果を待たされた申請に対する当局の却下理由である。レールスにすれば、自分のしたことが戦後になっても誇られ、社会のはみ出し者とされるような恥ずべきものではないという思いがあったから、申請したのだろう。だが理由書はそのことには一言も触れてはいない。レールスのような、ナチスの時代に生きた無名市民の反ナチの言動と、そのために戦後もずっと苦しむ被迫害者の境遇は、まったく考慮されなかったのである。

「ローテ・カペレ」と「エホバの証人」

レールスの例とは異なるが「ローテ・カペレ」の人々についてもいえる。彼らの大半は無名の市民、しかも多くが女性であり、人道的な思いからユダヤ人を救援しあるいは戦争に反対した人々であった。政治的信念からナチス体制に敵対した人々とは限らなかった。だが戦後も彼らは共産主義者グループとして一括され、補償の対象外であった。

結局、反ナチの行動が認められるのは、上層市民、知識人など社会エリートだけに限られた。一般庶民にはそうした反ナチ行動の意味など理解できないとする、階級的な差別意識ないし偏見が支配していたというほかない。

「エホバの証人」の信者たちも連邦補償法にいう被迫害者とは認められなかった。一九六四年六月の連邦最高裁判決では、その理由を「戦時期の裁判官が国防力破壊の規定に照らし、兵役拒否の動機を些細《ささい》であると判断し判決を下した」ことに求めている。動機が些細であるとみなされると、もはやどうしようもない。兵役拒否の基本にある信仰という問題がまったく考慮されないということだからである（G・ザートホフほか編『死をまぬがれた──ナチス軍司法生存者の証言記録』一九九三年）。

以上、本節では、軍法会議で断罪した司法官、断罪された人々の戦後を、バウマンの人生にも深くかかわったカール・リューダー、シュテファン・ハンペル、ルイーゼ・レールスを中心に紹介した。ナチス軍法と軍法会議を正当化した初期戦後司法のもとで、断罪された人々は「ナチス迫害の犠牲者」でも「政治的敵対者」でもなく、あくまで軍法違反者の域にとどめおかれた。彼らは戦後に生きのびても「前科者」であった。

元軍司法官による正史づくり

ナチス軍司法につきまとう暗いイメージを打ち消すことは、元軍司法官グループの懸案事項となっていた。旧国防軍本体の場合、「清潔な国防軍」神話づくりの一環として将軍たちの回顧録が相次いで出版された。そのなかでもたとえば、ヒトラーの誤った戦争指導によって敗北したと強調するマンシュタイン元帥の『失われた勝利』（一九五五年）がベストセラーになるなど、ヒトラーに距離を置き苦悩した軍人という英雄譚が国民的ブームを呼び、「名将」ロンメルの覚書なども相次いで刊行されている。

苛酷に処断された《七月二〇日事件》が一〇年後の一九五四年七月二〇日以降、アデナウアー政府によって公式に追悼されていくのも、反ヒトラー軍人グループがもはや独裁者ヒトラーへの単なる反逆者グループではなく国防軍本来の伝統を象徴する模範、したがってドイツ連邦軍に継承される模範として政治的にイメージアップされたからである。追悼は連邦軍のおこなう重要儀式となり、《事件》の関係者は実行者シュタウフェンベルク大佐を頂点に英雄視された。彼らが処刑されたベントラー街区の国防軍総司令部の一画は、シュタウフェンベルク通りと改称された道路に面したドイツ抵抗記念館となり、その中庭は「栄誉庭」と命名され、毎年恒例の追悼式典の場となっていく。いうなれば、政治主導による反ヒトラー国防軍「聖化」の始まりである。

このような国防軍本体に倣って軍司法についても、ポジティヴな、つまり「清潔な軍司法」のイメージづくりを元軍司法官たちは必死に求めた。だがそれは、軍法会議の有罪判決を正当化するだけで事足りるという話ではない。また国家軍法会議の高官リュベンを「良心の葛藤」に苦悩し自死したと称え、「司法の殉教者」として追悼しても、つまるところ峻《しゅん》厳《げん》な軍司法官像だけが残る。

そこで考えられたのが、「法治国家のなかで機能した穏健なナチス軍司法」というイメージを普及させ、それを歴史像として定着させることである。それこそ「元軍法律家連合会」にとって一九五七年の例会以来、重要な運動方針でありつづけた。これについては次章で述べるが、エーリヒ・シュヴィンゲ編、オットー・シュヴェリンク著『ナチス時代のドイツ軍司法』（一九七七年）が初の「正史」として刊行され、権威ある書とされたのも、こうした経緯からである。

戦後のドイツ司法は、ついに内部から自浄作用がはたらかず世代交代を待つほかなかったと、これまでよく指摘されている。このとき司法内部にあって浄化を阻止する中心的役割を担ったのは、とりわけナチス軍司法の制定にかかわった人々とその擁護者たちである。

第二次世界大戦下の軍司法の資料が、一九四四年以降、軍による統計作業の停止に加えて爆撃による焼失などのために乏しいこと、とりわけ陸軍と空軍のそれが著しく乏しいことは、ミュンヘン現代史研究所のナチス司法研究者ロタール・グルッフマン（一九二九〜二〇一五）が述べている。それは軍司法当事者たちの隠蔽姿勢によって増幅されていた。一九八〇年代後半になってそうした壁がようやく取り除かれ、諸々《もろもろ》の事実が明らかになった。

これについて後年、元ブラウンシュヴァイク上級地裁判事ヘルムート・クラマー（一九三〇〜）はつよい批判を込めて記している。ナチス軍司法の不当性を訴える「突破口」は、戦後司法内部の「法学者」からではなく、「歴史家として活動する法学者と学問的な部外者」によって切り開かれたという事実についてである。M・メッサーシュミットとF・ヴュルナーの研究『ナチズムに奉仕した国防軍司法――神話の崩壊』（一九八七年）を指しているのだが、これについても次章で詳しく述べることにしよう。

先取りした言い方になるが、バウマンたちに下された軍法会議の判決が不当であると認められるには、正しいとされてきたことが欺瞞《ぎまん》に満ちたものだったと確認されねばならない。しかもヒトラーの戦争が「侵略戦争、絶滅戦争、ナチスドイツによる犯罪」であったとする歴史認識がはばひろく共有される必要がある。それには四〇年以上の時の流れを要した。その間、断罪されて生きのびた人々は国家からも社会からも拒否され捨ておかれ、貧困と沈黙の世界に沈むほかなかった。

以下、九死に一生を得た脱走兵バウマンの、戦後を生きる姿に焦点を当てて見ることにしよう(バウマンに関する叙述は前章と同様、主に自伝『良心に恥じることなく』とコルテのインタビューおよび筆者の二〇一六年一〇月一五日のインタビューによる)。

3 脱走兵ルートヴィヒ・バウマンの苦悩と絶望

帰郷したバウマン

バウマンが郷里ハンブルクのわが家の扉を叩《たた》いたのは、一九四五年一二月クリスマスの数日前のことである。彼はこの年一二月一三日に二四歳になっていた。まだ青年といってよい年頃である。市中心部アイムスビュッテルは激しい空襲を受けて辺り一面瓦礫《がれき》となっていたが、幸運にもバウマンの家は窓ガラス一枚破損することなく、一九四一年二月に一九歳で出征した当

子ども時代のバウマン（前列左より二人目）と姉ゲルトルート（後列左より五人目）(*Hitler's deserters*)

時のままの姿であった。

一歳上の姉ゲルトルートは生きのびて帰ってきた弟をしっかり抱きよせ、再会できた喜びを伝えた。父オットーはかたわらに立ったまま一言もいわず、それをじっと見つめていた。オットーは六五歳、当時としてはもう老人である。

オットーはドイツ東部マクデブルク近くの小村で、小作農の長男として生まれ育ったが、ハンブルクに出て船舶会社の会計係になった。勤勉で有能だったのだろう、昇進し社会的地位も得た。その後タバコ事業に乗り出し成功して、この北ドイツ最大の都市ハンブルク有数のタバコ販売業者となった。三九歳のときにやはり貧しい家庭に育った一五歳下の女性テーアと結婚、事業も順調に伸びアイムスビュッテルに居を構える資産家になっていた。オットーが一人息子のバウマンに大きな期待をかけていたのも当然だろう。

ところがバウマンが学校に通うようになると、父の期待は失望に変わった。書き取りがいつも一〇〇点満点中二〇～三〇点の成績であったからだ。後年バウマンは自分が読み書き障害《ディスレクシア》であったと語っているが（だが彼はこの障害をのちに克服している）、一九二〇年代にはまだそうした学習障害に関する認識は普及していなかったから、オットーはわが子が知的障害だと思ったようだ。彼は書き取りで落第し、一年原級留置となった。母はバウマンに深い愛情を注ぎながら懸命に書き方を教え、彼も遅くまで机に向かった。だがなかなか成績は向上しなかった。

体育は抜群で計算も優であったというが、姉ゲルトルートは常にすべてにおいて最優秀であった。父は姉をことのほか可愛《かわい》がった。バウマンは父の前に立つとおどおどし、学校も嫌いだった。父に一度面と向かって「ダメなお前が女の子で、ゲルトルートが男の子だったらなぁ」と言われ、ひどい屈辱感を抱きつづけたという。

一四歳になって国民学校を卒《お》えたバウマンは、父親が望んだギムナジウムから大学に進学するコースではなく、職業教育のレンガ積みを学びはじめた。その実習が始まってから彼の暗い人生は生き返った。元々土木、建築の作業が好きであったが、その領域で能力を発揮するようになったからだ。劣等感に代わって自分にも自信をもつようになった。

彼は「一五歳のとき私の世界が壊れた」と述懐しているが、唯一無二の存在であり、優しい庇護者《ひごしゃ》であった母テーアが、一九三七年一一月交通事故で急死した。自動車に轢《ひ》かれ即死であった。享年四一。数週間の茫然自失《ぼうぜんじしつ》の状態から立ち直ったとき、彼の人生は一変した。厳格な父をこれまで恐れていたが、身長も上回ってその父にも反抗し、自分自身を主張するようになった。母の死をきっかけに、ようやく自我に目覚めたということなのだろう。そうしたバウマンに姉ゲルトルートは優しく母親代わりに接した。少女時代からリュウマチに苦しみ、幾度も長期の療養生活を送るなどしたが、弟を思いやる姉であった。その態度は終生変わらなかった。

母の死後、抑圧され一方的に命令されることを嫌うバウマンの心的態度は、「ヒトラーユーゲント法」の制定(一九三六年一二月)を機に、はっきり準軍隊組織となったヒトラーユーゲントへの加入を、最後まで拒否したことに表れている。男子一八歳までの加入が義務づけられ、徴募官が再三彼の家や作業実習の現場にまで来ては督促した。だが様々な理由をつけて加入を遅らせ、とうとう年齢超過になって加入をまぬがれた。代わりに彼は北海ヘルゴラント島で「レンガ基礎工事」班の一員として長期間の作業をしている。バウマンは、それがギムナジウム修了資格のアビトゥア抜きで、土木工学を学修するための予備課程ともなることを知っており、将来は土木・建築関係の技師になろうという希望もあった。

一九四〇年春、バウマンはハンブルク工業専門学校の予備課程に合格することができた。このあと、彼も学友たちと六カ月間の全国労働奉仕に出発した。バルト海沿岸の堤防づくりの作業であった。すでに戦争が激しくなっていた。学修を始めてまもない一九四一年二月、彼にも召集令状が届いた。

ナチズムを嫌ったバウマンだが、さすがに兵役を拒否することはできなかった。自分が兵役を拒否すれば、父と自分に優しい姉までが戦勝に熱狂する近隣住民から非国民、民族の敵と非難され、家族全員がきびしく処罰されることを知っていたからである。だがヒトラーに無条件に忠誠を尽くすような兵士になるつもりは毛頭なかった。事実そのように行動し自分を偽らなかった。かくして彼の人生は激変することになった。この間のバウマンの行路については、前章で触れたとおりである。

バウマンが郷里を後にして帰郷するまでに四年一〇カ月の年月が流れた。彼は文字どおり死線を越えて帰ったが、あまりに多くの悲惨な体験をした。戦争後遺症というべきか、ベッドに横になって目をつむると悪夢が渦巻く、疲れ切ったボロボロの身体となっていた。こうしてバウマンと父と姉、三人の戦後が始まった。

罵倒され暴行されるバウマン

バウマンには最初にしなければならないことがあった。友クルト・オルデンブルクの死を家族に告げ知らせることである。家族の住むハンブルク市内ヴァンズベクの家を訪ねて、クルトが自分より二週間前に東部最前線に送られたこと、詳しく伝えられることはなかったが一九四五年初頭に死んだことだけは語った。このときまで市当局からなんら連絡がなく、はじめて息子クルトの死を知った母親はただただ泣き伏した（クルトはその後も久しく「失踪者」とされたため、遺族の申請により一九八一年七月区裁判所が死亡と決定し、死亡時期を一九四五年末とした）。バウマンはクルトを脱走に誘ったのが自分であること、そのために彼を死なせ自分が生きのびたことを悔やんだ。嘆き悲しむクルトの母に顔をあわせられないという自責の思いがつよく、その後しばらく訪ねることができなかったようだ。

父オットーは、バウマンが脱走したことについて、恥だとか臆病だとか口にはしなかったが、一度だけこう言ったという。「人は自分の義務を果たすものだ」。父は脱走失敗後の独房生活やトルガウ軍刑務所、懲罰部隊のことなどを一切問うことはなかった。息子も何一つ語らなかった。

バウマンの帰郷後の生活は父の仕事を手伝うことから始まった。仕事はイギリス占領軍の管理下で大量のタバコを各地区に分配、供給することだった。だがまもなく彼はタバコの一部を闇市場に卸すと大金になると父に説いて、自分でそれをおこなった。オットーは堅実で几帳《きちょう》面《めん》な性格であったから、心配しながらバウマンのすることを見ていた。だがあまりに苛烈な生死の境に身を置いてきた息子にすれば、もはや仕事が合法的か否かはどうでもよかった。そうした気持ちで始めた仕事であったが、彼はまもなく深い絶望に落とされた。

バウマンは一九四五年一二月、ハンブルクのわが家にたどり着いたときには、国防軍からの脱走が世間に認められる行動だと思っていたという。ヒトラー独裁制は崩壊し、自分はその独裁制に反抗して脱走したのだ。熱に浮かされたような国民一体のスローガン「戦う民族共同体」はもはや消えてなくなり、あれほどまで〈最終勝利〉を謳《うた》った国防軍も連合国軍に無条件降伏したのだから、脱走に対する考え方も変わったはずだ、と。

だが、終戦直後の実情はまったく違っていた。闇市場でふと自分が脱走兵だと口にしたことを聞きつけて、兵士上がりの男たちが彼を取り囲んだ。「臆病者」「兵隊仲間の面汚し」「裏切り者」と罵倒され、袋叩《ふくろだた》きにあった。血だらけになり保護を求めて近くの警察の支署に逃げ込んで、男たちを告訴しようとした。

ところが事情を聞いた警官たちのうち数人から、今度は完膚なきまでぶちのめされた。バウマンの顔は腫れ上がり全身があざだらけになった。助けを求めた先の警察支署内でさらに暴行されるという彼の体験について、推測できる事情がある。

前章でシュテファン・ハンペルがユダヤ人大量射殺の現場を目撃したと述べたが、それを実行したのは警察部隊と親衛隊との混成部隊であった。警察部隊が治安維持だけでなく、特別行動隊としてホロコーストに参加した事例で、ほぼ全員がハンブルク出身者で編成された「第一〇一警察予備大隊」については、クリストファー・R・ブラウニングの調査研究(一九九二年)が知られている(邦訳書『増補普通の人びと——ホロコーストと第一〇一警察予備大隊』二〇一九年)。こうした例は他にもあったとされる。「殺人部隊」の任務で心の荒んだ人々が復員し、元の職場に復帰したにしても、彼らにはバウマンのような脱走兵は許しがたい存在であっただろうから。

後年、バウマンが自分に暴力を振るった相手を警察予備大隊の元メンバーたちではないかと記しているのも、こうした事情からである。この体験に懲りて以後、彼は二度と警察署のドアを開けることはなかった。

暴行されやっとのこと家にたどり着いた夜、今度は罵声とともに家の窓ガラスの多くが破られた。父オットーへの見せしめである。ナチス時代のドイツとさして変わらない脱走兵に対する見方や態度を、このときバウマンは思い知らされた。

全面敗北により国防軍が崩壊し軍隊がなくなっても、そのことと大半の国民大衆が抱きつづけた「兵士のあるべき姿」という規範は、次元の違う事柄であった。兵士については「勇敢さを示し義務を遂行することが時代を超えた美徳であるとする考え」は依然根強い社会意識となって、一九九〇年代になるまで維持された（トーマス・キューネ『戦友意識』二〇〇六年）。バウマンの父の「人は自分の義務を果たすものだ」ということばは、そうした支配的なメンタリティを表していた。しかも当事者の元兵士たちは、戦友として今ここに生きていた。戦地から帰還した戦友あるいは戦死した仲間との絆を断ち切った脱走兵は、その意味でも裏切り者の烙印《らくいん》を押され、汚名を受けねばならなかった。

バウマンと同様のつらい記憶をハンペルも語っている。彼は一九五〇年代にデュッセルドルフからアーヘンに移り住んだが、酒に酔っ払った警官に「弱虫」「卑怯者」と罵倒されたことに耐えかねて彼を殴ってしまい、裁判沙汰になったこと、日雇いをしながら、ドヤ街の小さな宿の隣人たちと呑《の》んだくれ、ギャンブルをする生活を送っていたが、軍隊時代のことを語るのは彼らのあいだでもタブーになっていたこと、などである（「〝当時適法であったものが……〟」前掲資料）。

酒に溺れる日々と父の遺言

バウマンにもタバコを闇市場で捌《さば》くのを助ける「悪友たち」ができ、夜になるとハンブルクの歓楽街ザンクト・パウリの酒場に行くようになった。大っぴらに自分のことは言わなかったが、彼らもやはり軍法違反者、脱走兵であった。バウマンとの違いは、家も金もなく、まっとうな仕事からははじかれ、掘っ立て小屋で生活していたことだ。

バウマンは暴行されたあと、なおも世間から敵視され、罵声を浴びた。さらに「青酸カリを飲め」とか「自分で自分にふさわしい罰を与えろ」などの脅しの手紙が自宅に送りつけられた。彼は思った、世間からすれば自分たちは「臆病者、兵隊仲間の面汚し、裏切り者」なのだ。しだいに、自分でもそのように思い込み、「自分の人生は無意味で、無価値な人間なのだ」と考えるようになった。彼は沈黙し、つらい戦争の記憶を奥深く押し込めようと、酒に溺れた。仲間たちと飲むといつも彼が勘定を払ったから、彼らから祭り上げられ「ハンブルクのキング」と呼ばれるようになった。

当然のことだが、父オットーは徐々に転落し荒《すさ》んでいく息子の行状を非常に心配していたが、そのことをたしなめなかった。バウマンも父からも見放されていると思い込んでいた。その父オットーは一九四七年三月六六歳で死亡した。彼は息子が死刑囚の独房にいたときから胃潰瘍になって苦しんでいたのだという。心労のためである。

ここで付言しておきたい。後年バウマンは海軍総司令官レーダー宛の父の助命嘆願などの文書を手にした。そのときはじめて気づいたという。助命嘆願やその結果を問いあわせる手紙がすべて、姉ゲルトルートが代筆したものであったこと、父にも先天的な読み書き障害があったという事実である。遺伝性とも思えるバウマンの障害に父オットーがどのような感情と負い目を抱いていたかは不明だが、彼は遺産分配にあたって姉と弟に公平であろうとしたことは確かである。

オットーは遺言で、姉ゲルトルートとバウマンに大きな資産を残してくれた。姉には現金を、弟には一等地に住宅付きの二ヘクタールの敷地を残した。息子が大学に学び、建築技師になることを願ってのことである。だが二五歳のバウマンは転落の人生を踏みとどまろうとはしなかった。姉は弟に一緒に父の会社を再建しようと、再三話し、彼に願った。バウマンは自分のような世間から蔑まれる者などに父の会社を継ぐことなどできないと、姉の願いを受け付けず、さらに転落しつづけた。

バウマンは姉に自分の遺産を売り渡し、ザンクト・パウリに隣接する繁華街ゲンゼマルクトにある酒場を賃借りし、悪友らと酒びたりの生活を送った。三年間で遺産のほとんど全部飲みつくしてしまった。彼はむろんアルコール依存者になった。彼の心底に沿って表現すれば、「戦争に病んだ精神《クリークスクランクハイト》」から逃れようとして酒に囚《とら》われてしまったのだ。

ついに姉ゲルトルートは弟と一緒の会社再建の望みを捨てた。一九五〇年、バウマンは可愛がっていた二匹の犬を手放し、財産もすべてを失い、郷里ハンブルクを去った。転々とし北ドイツの都市ブレーメン（ハンブルクと同様に独自の州を構成）に着いた。

ブレーメンでの再出発と結婚

バウマンはカーテン販売のセールスマンとなった。古くなったカーテンを窓際に下げた家々のベルを鳴らして注文をとり、分割払いで売り、ハンブルクの会社で決算する仕事である。彼はその仕事が気に入り、また仕事ぶりも堅実であったから客の信用を得た。その間に彼は一二歳年下の女性ヴァルトラウトと知りあった。彼女は茶色の髪の、心根の優しい女性、貧しい家庭の七人兄弟の長女であった。

一九五一年に相思相愛の仲となり、バウマン二九歳、ヴァルトラウト一八歳になったばかりで同棲するようになり、やがて結婚して、住宅地域のマルセルに住むようになった。彼女の父母はバウマンを気に入ってくれた。義父はブレーメンでドイツ共産党（当時同党は州議会議員選挙で得票率六パーセント、六議席を占めていた）の勧誘員をしていた。バウマンがヒトラーを嫌う国防軍の脱走兵であったことを知ると、むしろそれを喜んだ。だがバウマンは、妻には脱走兵だったことや苛酷に過ぎる戦争体験について最後まで一切話さなかった。彼は思い込んでいた。自分の体験を受け止めてもらうことは、一二歳下の妻にとって荷が勝ちすぎる、と。

二人のあいだには一九五二年に長男ペーター、二年ごとに次男ウーヴェ、長女ハイデ、三男マヌエル、そして一九六二年に四男アンドレーが生まれた。バウマンは子どもたちには優しく、慕われたという。だが一家を築くとなると、それで済む話ではない。夫の稼ぎはほとんどが酒代に消えてしまい、少しばかりの金しか家計に入れなかった。妻ヴァルトラウトは足りない生活費を得ようと、最初町工場に働きに出たが、育児のためにそれもできなくなった。

ヴァルトラウトは日々の生計を立てることに困り果てていた。バウマンはバウマンで妻を愛しながらも、心の苦しさを誰にも明かすことなくただ酒を飲みつづけ、戦争のつらい記憶と脱走兵として受けた辱めに懊悩《おうのう》していた。

明日の生活費のために年若い妻ヴァルトラウトは、隣近所に借金に出かけた。それだけではなく、日々子どもを飢えさせまいと小麦粉やジャガイモまで譲り受けるために走りまわった。

彼女は惨めな自分に絶望のあまり、一度自殺まで図ったという。バウマンは酒のために妻をいたずらに苦しめ不幸にし、自分で家庭を崩壊させたのである。

妻の死

一九六六年二月一二日、運命の夜が来た。妻が六番目の子どもを身ごもって七カ月のとき、四一度以上の高熱を出し破水、さらに大量出血した。バウマンが病院に運び込むと、主治医は月足らずの胎児を誕生させたが、妻は重体に陥った。医師はバウマンにこう告げた、「奥さんはもう助かりません、でも今ならまだ話せますよ」。酒の臭いを漂わせて妻の手を握りしめるバウマンを、妻は優しい顔でじっと見つめ、微《かす》かな声で語りかけた。夫バウマンが嗚咽《おえつ》するなか、ヴァルトラウトは静かに息を引き取った。享年三三。

バウマンは生涯罪悪感に苛まれた。〝私が妻を死なせた、自分が死ねばよかったのだ〟と。

弟バウマン一家の危急を知って、姉ゲルトルートはすぐにハンブルクからやってきた。さらに彼女はハンブルクの自宅を引き払い、ブレーメン東部オスターホルツ地区のガルシュテットに引っ越した。弟バウマンの子どもたちのためである。弟バウマンの家に日々来ては手伝い、その後ベビーシッターを雇い経済的にも援助したのだ。また未熟児のグレゴールが無事退院したあと、故ヴァルトラウトの妹がこの子を引き取り、就学する満六歳まで育てることになった。

バウマンは妻の死をきっかけに酒を断ち、子育てをし、当時仕事にしていたラジオとテレビの中古品の委託販売に精を出すつもりであった。よくしたもので、長男と次男が年下の三人の弟妹の世話をするようになっていた。だがバウマンはここまで追い詰められた状況にありながら、酒を断つことはできなかった。毎夜、家を抜け出しては酒場に出かけた。

四男アンドレーは母が死んだとき四歳であった。甘えていた母が突然亡くなってしまったから、慕っている父の帰りを待って、毎夜遅くまで窓際の座椅子で小さな身体を丸めようとし、いつしか眠り込んでいた。そのころ父バウマンはといえば、酒場の椅子で妻の死を嘆き悲しんで自虐的にただ飲んだくれていたのだ。そうした日々が延々と続いた。こうした醜態をバウマンは『自伝』に隠すことなく赤裸に綴《つづ》り、みずからの恥として吐露している。彼は酒を断つまでさらに数年かかった。その間、長男と次男は薬物に手を出し、依存症になりかかっていた。家庭はほぼ崩壊していた。

だが一九七一年アンドレーが九歳になったとき、本当の意味でバウマン一家は破滅の淵《ふち》に立たされた。アンドレーが強迫性の精神錯乱に罹《かか》り、毛布という毛布を広げたりたたんだり、穿《は》いているズボンを何度も脱いではまた穿き直す、といった行動を繰り返すようになったのだ。バウマンは妻の死以来、アンドレーにはとくにつよく負い目を感じていた。大事な成長期に親の自分が養育する責任を放り投げてきたのだから。バウマンはすっかり動転し、アンドレーを心理療法家のもとに連れて行った。彼はきびしい口調で言った。「バウマンさん、これ以上酒を続けるなら、市の青少年局が子どもたちの面倒を見ることになりますよ！」

断酒と人生の再出発

このようにバウマンが面と向かって〝父親失格〟と宣告されたのは、彼が四九歳のときである。専門家のことばは、彼に雷にうたれたような衝撃を与えた。この一言がバウマンの二六年近くも続いたひたすら酒に浸る自堕落な生活を脱する、決定的な契機となった。〝妻を苦しませ死なせたばかりか、今度は子どもたちの将来をも絶とうとしている、それでも親だというのか、いい加減に目を覚ませ〟、と。

「そうだ、私は六人の子どもたちの人生に責任がある、そして私の人生にも」。このときから彼は完全に酒を断った。一滴も飲まなくなった。そのために彼がどのようにして依存症の苦しみを克服したかは不明だが、ともあれ崩れた人生を立て直し、良き父親たろうと固く決意し行動した。

姉ゲルトルートの支えは大きかった。子どもたちはたびたび伯母の住むガルシュテットの家まで自転車で訪ねて遊んでいた。六歳になったグレゴールは義妹のもとから就学のためにバウマンに引き取られたが、彼を父親ではなく伯父と思い込んでよくベッドの下に潜っては〝母親〟の家に帰りたいと泣いたという。

長男と次男は家を出て自活するようになり、今度は長女ハイデと三男マヌエルが下の二人の世話をするようになった。子どもたちは一緒によく母ヴァルトラウトの墓参りに行っていた。

だがバウマンは最初の一年間だけは行かなかった、というより行くことができなかった。妻への罪悪感がつよすぎたからである。その後、彼も毎週一度自転車に乗り妻の墓の前に佇《たたず》んで、妻と話をすることが欠かせない習慣となった。だが子どもたちに対する罪の意識だけは、終生拭い去れなかった。

彼は五〇歳を超えてからの一五年間、四人の子どもが自立し家を出たあと、アンドレーとグレゴール二人の息子たちが成長し一人前になるまで、ブレーメン福祉事務所や青少年局の補助員の職を得ながら、苦しい家計をやりくりし育て見守った。だがこの補助員となったおかげで、彼はその後最低額だが年金受給の資格を得ることになった。

姉や義妹たちの支援なくして、バウマンの子どもたちの養育は成り立たなかったであろう。だがとにかく彼は子どもたち六人を自立させ親としての務めを果たした。とりわけつらい思いをさせたアンドレーとはその後、子どもたちのなかでも最も親しい父子関係を築くことができた。

断酒して時間が経つにつれ、バウマンの呆《ほう》けた頭が徐々にはっきりするようになった。ただし毎夜うなされる戦争の悪夢、それも〝処刑隊に自分が独房から引き出され銃殺される〟という悪夢はその後も、というより生涯続いた。七〇歳を過ぎて男性の心理療法家のもとに通いつづけ、ようやく詩を口ずさみ歌も歌うことができるようになった。だが悪夢を取り除くことだけはできなかった。

それにしてもバウマンの心身の強靭《きょうじん》さには驚く。軍隊での五年近い苛酷な境遇を、重傷を負いながら生きのび、その後も多年に及ぶアルコール依存を克服し人生を立て直したのだから。バウマン死去の際の惜別の辞（二〇一八年七月六日）によれば、彼は九〇歳過ぎまで自転車を走らせ水泳を続けたという。

実際、筆者が対話できたのは彼が九四歳のときのことだが、歩行が少し不自由であったほかは、みずから温かなもてなしの態度をとりつづけながらも、依然として眼光は鋭く会話においても頭脳は明晰《めいせき》そのものであった。

それとともに思う。バウマンが酒に溺れたのはただ単に酒の魔力に嵌《は》まったからだけではなかった。酒に溺れることで戦争のトラウマから逃れようとしたからだ。それが酒を断つことで一変した。彼はつらい過去から逃げなくなった。自分の戦争体験に正面から立ち向かう姿勢に変わった。

自分で自分を変えることができるのだ。これまで社会から「卑怯者」「人間のくず」と蔑まれ、自分でもそう思い込むようになっていた。だからこそ、遅ればせながら正しいことのために「闘う精神」を取り戻し、良心に従って「良きこと」に奉仕しよう、バウマンは固くそう決意した。このとき、彼の脳裏に焼きついていたことばがある。それは、軍法会議で断罪され死にゆく上等兵ヨハン・ルカシッツが彼の耳元で伝えた「二度と戦争をしてはいけない！」という悲痛な叫びである。

亡き畏友ルカシッツの反戦平和の願いが、バウマンの後半生を突き動かす行動の原点となった。彼は子どもたちを養育しながら、寸暇を惜しんで必死に自学自習を始めた。もはや社会の片隅に息を潜め敗残者として生きつづけるためではない、ルカシッツの遺志を継ぎ、友クルト・オルデンブルクの死を無意味なものにしないためである。彼はついに復活した。

以上、戦後ドイツにおいて軍司法官グループが社会エリートとして生きる一方で、ナチス軍司法によって断罪された人々が国家と社会からも捨ておかれるという対極的な人生について綴った。バウマンもそうした二極の枠組みのなかで、苦しみもがいた。彼がようやく苦悩を脱し自分に目覚めたとき、すでに四〇年近い歳月が流れていた。

次章では覚醒し再生したバウマンに焦点を当て、脱走兵の復権が図られる経緯について見ることにしよう。

III 「我々は裏切り者ではない」——歴史家たちの支援と世論の変化

1 立ち直ったバウマンと脱走兵復権の動向

一九八〇年代

バウマンが社会活動に踏み出した一九八〇年代の西ドイツは、大きく変わりつつあった。アデナウアー保守政治のあと、一九七〇年代に入ると「第二の建国」とまでいわれる社会民主党ヴィリー・ブラント政権のもとで、東欧諸国との関係改善もすすんだ。西側先進国で一九六八年をピークに燃え上がった学生運動は終息していたが、西ドイツでは学生運動が反権威主義、体制批判にとどまらず、従軍を経験した父親世代（戦争世代）のナチスへの加担を問い、過去を糾弾する行動を伴っていた点に特徴がある。この学生運動に参加した若者世代＝「六八年世代」は、一九八〇年代になると社会の中堅として学界や政界で役割を発揮し、社会改革をリードするようになった。世代交代がすすみ、戦争世代の世論への影響力も著しく低下していた。むろん司法界にもその波は押し寄せた。

一九七九年一月、激しい論議のなかでユダヤ人医師一家の迫害をテーマとしたアメリカのテレビ映画「ホロコースト――戦争と家族」四部作が、西ドイツでも放映され、視聴者二〇〇〇万人、視聴率最高四〇パーセントに及ぶほどの社会的反響を呼んだのも、そうした世代交代がすすんだことによるものだろう。このとき、テレビ放映が反ドイツの「憎悪を煽るキャンペーン」になるだけだと放映に反対した保守的な戦争世代の代弁者に、マールブルク大学の元学長として依然社会的な発言力のあったエーリヒ・シュヴィンゲがいる。

自然保護、反核、反ナチズム、平和主義、女性解放、草の根民主主義を掲げる「緑の党」が連邦レベルの政党に脱皮したのは一九八〇年一月、主たる担い手は一九六八年世代である。この新党は一九八三年三月には「五パーセント条項」(得票率五パーセント以上を議席獲得の条件とする)を突破して連邦議会で二七議席を獲得、以後、中道右派のキリスト教民主同盟(CDU)とキリスト教社会同盟(CSU、バイエルン州の姉妹政党)――両党は連邦議会で統一会派「同盟《ウニオン》」を組む――、中道左派の社会民主党、自由民主党(FDP、当初古典的自由主義を標榜《ひょうぼう》)など既成政党に次ぐ政党になっていく。

躍進の背景には米ソの軍拡競争の先鋭化、NATO軍の新型ミサイル配備計画、核戦争に対する危機感がある。これをわかりやすくいうと、冷戦の最前線にある東西ドイツの場合、すでに東ドイツにはソ連軍五〇万人が常駐する一方、西ドイツには連邦軍以外にアメリカ軍が南西部のラムシュタイン空軍基地をはじめ、ハイデルベルク、シュトゥットガルト、マンハイムなどの都市に軍人三〇万人を配属し、お互いに核ミサイル数千基を据えて照準を向けているということだ。しかもレーガン新政権の対ソ連強硬政策があったから、西ドイツ国民の危機意識が一気に高まり、軍事衝突が現実の恐怖となった。こうした事態に対して首都ボンの三〇万人平和集会（一九八一年一〇月）に見られるような反核平和運動が高揚するのも、当然の成り行きである。これに一九八六年四月にはチェルノブイリ原発事故の衝撃までも加わった。元々自然、森と川、湖をこよなく愛する国柄だから、反原発・自然環境保護の市民運動（住民運動）もかつてない盛り上がりを示していたのである。

平和運動へのバウマンの参加

バウマンの社会活動は、右の反核平和運動への参加から始まった。その行動へと彼を突き動かしたのは、処刑された友ヨハン・ルカシッツの「二度と戦争をしてはいけない」ということばである。彼は首都ボンへの平和行進のほか一九八〇年から八一年までの行進すべてに参加したという。やがて彼は共通の横断幕《アイネ・ヴェルト・ベヴェーグンク》（〝ヨーロッパは二度と戦場にはならない〟）を掲げて行進するだけではなく、〈一つの世界運動〉（先進国による第三世界の搾取と貧困、飢餓などの諸問題に

サンドイッチマン姿のバウマン（『活動記録』）

対する抗議運動）に共鳴し、自分一人で行動するようになった。一九八五年六三歳から始めた行動は、こうである。

毎週木曜日の午後五時から六時までの一時間、仕事を終えた買い物客で賑《にぎ》わうブレーメン市繁華街のメイン道路脇に、サンドイッチマン姿で身体の前後にダンボール紙製の看板を掛け、じっと立った。看板にはこう書かれている。

〈前〉私たちは日々消費しつくしている――世界を一つの大型店舗にして破壊している――ヨーロッパ共同体は日々一億二〇〇〇万マルクも、買い手のない食料を貯蔵しては処分するために浪費している――その一方で日々子どもたち四万人が哀れにも飢えに苦しんでいる

〈後〉過剰にモノを所有しさらに多くを所有しようとすることで、私たちは世界に飢餓や困窮をもたらす共犯者となっている（中略）権力と富が不当に配分されている。このアン

バランスな状態を維持しようと、相も変わらず兵士が動員されている

（バウマン『自伝』）

行きかう人々のなかには共感して話しかける人も冷笑する人もいる。バウマンは話しかけられ問われると、彼らに応答した。話題は消費のこと、西側自由社会や人間性にかかわること、さらに個人の責任についてであった。彼のこの行動の原点にあるのは、かつて脱走囚人兵としてエスターヴェーゲン軍懲罰収容所で極限の飢餓状態を味わったことだ。

こうして二年もすると、バウマンの行動はブレーメンのほかニーダーザクセン州で広く読まれる日刊紙『ヴェーザー＝クリール』に「流れを変えよう」の見出しで大きく取り上げられるようになった（バウマン『一九八五年から二〇一五年までの復権活動の記録』以下、『活動記録』）。

ブレーメンの緑の党も彼の活動に賛同し、親しい関係になった。彼はその後地区の党幹部になるように幾度か勧められたが断りつづけ、終生いかなる政党にも所属していない。彼は結局のところ「衆を頼まない孤高の闘士」であった。

一九八六年一二月、子どもたちも自立し六五歳になったバウマンは、最少額の年金生活者となった。生活は苦しかったが、自由に行動できる時間を得た。彼は熱心に反核平和運動、反アパルトヘイト運動を続けていく。

六人の子どもたちに、彼は自分の社会活動についてしばしば語ってきた。それを誇らしいという子もいれば、怪訝《けげん》そうに見る子もいた。ただ一つ、自分が脱走兵であったことだけは亡き妻ヴァルトラウトに対してそうであったように、子どもたちにも一切話してこなかった。だが一九八六年という年に、彼は自分の運命を決定づけた脱走兵問題についてあらためて考え、彼らにも語った。

そこでこうした事情を知るため、脱走兵問題が浮上する前史を述べることにしよう。

《フィルビンガー事件》

一九七〇年代から原発建設を積極的に推進しようとしていたキリスト教民主同盟の政治家にドイツ南部バーデン＝ヴュルテンベルク州首相ハンス・フィルビンガー（一九一三～二〇〇七）という人物がいる。彼は同党の西ドイツ大統領候補にまで擬せられる大物であった。州内に原発はすでに一三基あったが、一九七五年さらに五基の増設を計画した。だが強権的に事を運ぼうとしたために、激しい反対運動が起き、彼の過去もついに知られるようになった。旧ナチ党員というだけなら、ブラント政権に先立つキージンガー連邦首相（キリスト教民主同盟党首）をはじめキリスト教社会同盟幹部の多くが当てはまる。だがフィルビンガーは一九四三年から四五年まで海軍司法官であった。その前歴が知られるようになると、彼はほかの元軍司法官たちと口裏をあわせて、「自分はヒトラーに抵抗した裁判官であった」と弁明していた。

だがその後、ローマ教皇や政治家たちのナチス期（ナチス時代）の過去を作品テーマにする劇作家ロルフ・ホッホフート（一九三一～二〇二〇）によってフィルビンガーの海軍時代の履歴が明かされた。

ホッホフートは一九七八年二月、有力な高級週刊新聞『ツァイト』で自分の作品中の一部で、フィルビンガーを「ヒトラーの死後もナチスの法でドイツの水兵を有罪にした海軍の裁判官」「恐るべき法律家」として描いた部分を紹介した。さらに「彼は自分の過去を知る人たちが黙っているおかげで自由の身となっている」と思われる、とまで書いた。

『ツァイト』紙のこの記事に怒ったフィルビンガーは、同年五月ホッホフートと『ツァイト』を名誉毀損のかどでシュトゥットガルトの地裁に訴えた。このため事件は全国的に《フィルビンガー事件》として、知られるようになった。その後さらに彼はノルウェー、オスロで二二歳の水兵グレーガーのほか、三人の若い水兵に脱走のかどで死刑判決を下していたことまで暴露された。

このとき軍の刑法専門の鑑定人として出廷したのがエーリヒ・シュヴィンゲであり、フィルビンガーには「法的にも道義的にも責任がない」と弁護した。なにしろ、シュヴィンゲは司法界で戦後も一貫して軍司法問題の権威とみなされてきた。それだけに軍事知識に乏しい一般司法の裁判官などからすれば、彼の意見は特別の重みがあった。後日バウマンは語っている。彼のような軍規を絶対視する者には、「軍司法官がどう見られているかが心配であって、二万五

ハンス・フィルビンガー
（1978年）(*Hitler's deserters*)

〇〇〇人の処刑者はどうでもよかったのだ」。ところが、同年七月シュトゥットガルト地裁はホッホフートの記事を表現の自由の範囲内だと、フィルビンガーの訴えを斥《しりぞ》けた。

これに怒ったフィルビンガーは引き下がらなかった。彼は脱走兵の処刑が国際的におこなわれており、前線では極刑が普通のことだとし、「当時適法であったものが、今になって不法であるなど、ありえない」と再三にわたって弁明した。法の不遡及の原則を盾にとって自己の正当性を主張したわけだが、それが逆に火に油を注ぐ結果になった。

彼の発言は一九七八年五月に全国的な週刊誌『シュピーゲル』に大きく取り上げられ、さらに同誌七月一〇日号では、表紙を彼の顔写真で飾った「亡霊の裁判官フィルビンガー」という特集まで組まれた。内容はいかにナチス軍司法が残酷無慈悲であったかという批判、ヒトラーの命令の裏をかいて、軍司法が正義をおこなったとする弁明に対する疑念である。また降伏後も軍法会議には兵士の規律を維持する責任があったとはいっても、脱走兵として極刑に処すなど常軌を逸している（実際、連合国軍の一九四五年五月四日の「法律一五三号」でも一九三八年軍法の執行停止が求められていた）、と激しく批判された。有力な全国新聞『フランクフルター・

アルゲマイネ』紙などでも大々的に取り上げられ、集中攻撃された。結局彼はキリスト教民主同盟内の支持をも失い、同年八月に辞任した（W・ヴェッテ編『フィルビンガー——あるドイツ人の出世物語』二〇〇六年）。

この事件を契機にして、一九七〇年代までは疑問以前に意識すらされなかった「清潔な国防軍」ならぬ「清潔なナチス軍司法」が、各種のメディアから疑惑の目で見られるようになった。事件前年の一九七七年、シュヴィンゲ編、シュヴェリンク著『ナチス時代のドイツ軍司法』が唯一の正史、定本として出版されたのは、このような疑惑を前もって封じるためであった。《フィルビンガー事件》はそうした目論見《もくろみ》に冷水を浴びせるかたちになった。

当然ながら、ナチス軍司法が断罪した脱走兵問題にも、光が当てられることになる。これまで脱走兵は社会的に追放された存在であり、彼らについて議論することさえタブー視されてきた。だが、ようやくこの問題を俎上《そじょう》に載せる気運が高まってきたのである。

2 脱走兵追悼の動き

カッセル市議会の記念銘板をめぐる論議

ナチス期の脱走兵について見直そうという動きは、一九八〇年代にはカッセル、ブレーメン、ダルムシュタット、ゲッティンゲン、ウルム、ミュンヘンなど全国各地に生じていた。その最初となるカッセルの場合、一九八一年一一月市議会での緑の党議員ウルリヒ・レスタート（一九四〇～、在任一九八一～八五）の提議から始まった。彼は教職に就いたあとも政治学と哲学を学んだ障害児学校の教師であったが、かねて《フィルビンガー事件》に憤り、地元新聞『シュタット・ツァイトゥング』に、カッセル市にナチス軍法で断罪されたグレーガー水兵のような脱走兵の追悼碑をつくったらどうか、と寄稿していた。当時としては思いきった、挑戦的な意見であった。レスタートは反ナチズム、反軍拡、平和主義を党是とする緑の党の執行部に諮って、これを市議会本会議で問題提起した。市議会の構成は社民党が緑の党と協力し与党多数派を占め、保守系のキリスト教民主同盟と自由民主党が野党であった。彼の発言は大要こうなる。

反ナチの抵抗者たち、たとえば《七月二〇日事件》の関係者たちが英雄として顕彰される一方で、脱走や逃亡など受け身の抵抗しかできなかった無名の庶民兵士たちは、いまだに不名誉な犯罪者として侮蔑されている。それだけではない。各地の戦没者記念碑では、兵士たちはすすんで義務を果たし祖国の存立と栄誉のために戦い、英雄的な死を遂げたと、礼賛されている。だが果たしてこれでいいのか。戦争に加わろうと思わず、そのためにナチス信奉者によって処刑されたわが郷土の兵士たち全員を、我々の悲しみのうちに包み込もうではないか。彼らにも忘却されない価値があるはずだ。そうした追悼の記念銘板をつくったらどうだろう。

(『ツァイト』一九八一年五〇号・『シュピーゲル』一九八五年三〇号)

庶民兵士の脱走を「受け身の抵抗」として擁護するレスタートの発言の前段について、補足しておきたい。

一九六〇年代ヘッセン州検事長として「フランクフルト・アウシュヴィッツ裁判」(=ホロコーストにかかわったアウシュヴィッツのナチス要員たちに対する裁判)を指揮した亡命帰国ユダヤ系の法律家フリッツ・バウアー(一九〇三〜六八)という稀代のナチス犯罪の追及者がいる。彼はすでに一九五二年三月の裁判で《七月二〇日事件》を反ナチ抵抗として正当化し、処刑された人々の法律上の復権を成し遂げていた。これは「レーマー裁判」として知られている。

バウアーにとって、そうした反ナチの軍人エリートや社会エリートだけを復権させることは、本意ではなかった。「ローテ・カペレ」のような無名市民の反ナチ行動をも擁護したかった。自身が私淑した法哲学者グスタフ・ラートブルフと同様に、ナチスドイツを「不法国家」とする確信があったからである。だが当時の激化した冷戦状況のもとで、ソ連スパイ網の一味だと決めつけられ敵視された彼らを擁護することなど不可能であった。

一九六〇年代後半になって彼は意を決し、司法界の大勢に反し自説を主張するようになった。ルイーゼ・レールスのような一般庶民の反ナチ行動を否定し、ヒトラーへの抵抗を「エリート層にのみ許される行動」とする戦後司法（とくに連邦最高裁）の立場についても、こう批判している。「受け身になって抵抗する責務、悪をおこなわない責務、不法行為の共犯にならない責務、これが原則なのだ。積極的な抵抗がすべての人の責務だと思えないからである」。ナチス支配下の日常における、このような庶民の「受け身の抵抗」として、バウアーは兵役拒否や脱走を挙げ、それを彼らが唯一とりえた行動なのだと擁護したのである。

しかしバウアーの右の所論（「庶民の抵抗権」）は、その後一九八〇年代まで無視された。反ナチ抵抗とは「エリート層の特権的な行動」であるというのが、公式見解とされつづけた。レスタートはバウアーの考えを受け継ぎ、あらためて反ナチの平和運動の一環として脱走兵問題を提起したことになる。

レスタートの提案はしかし、野党保守系の議員たちから撥ねつけられた。脱走を消極的な反ナチ行動ととらえることなど、彼らの理解を超えていた。「脱走は脱走だ、説明は要らない」、「脱走兵には今日の民主国家といえども誰一人敬意を表せない」、「そもそも死刑が適用される法を犯した者たちなのだ」、と。反対はさらに議会の外からもあがった。その急先鋒《きゅうせんぽう》に前章に挙げた「ドイツ軍人連盟」（一九五一年に設立されたこの法人団体は、その後旧国防軍退職者の外郭団体となり、傘下の組織も含め一九八七年時点で会員四〇万人の巨大組織となった）がある。連盟カッセル支部は、脱走兵を追悼すると戦没者追悼式典ができなくなる、と議会の外で市民を巻き込む反対運動を展開した。

このため連立を組む社民党議員からも、提案が早急すぎると疑義が出され、準備作業としてカッセル出身の兵役拒否や脱走兵の実態を学問的に調査することになった。

三年後の一九八四年、委嘱されたカッセル大学の政治学者ヨルク・カムラー教授によって、「ナチス戦争政策に逆らった」兵士一一四人のうち五六人に死刑判決が下されたこと、彼らの軽微な違反行為に対する苛酷な判決の実態が報告された。そのなかには、前章でも紹介した終戦後に脱走罪で処刑された海軍の無線兵アルフレート・ガイルたち若い三人の水兵の裁判記録も含まれている。彼らは「戦争がもう終わったのだから故郷に帰ろう」と考え行動したために、脱走罪として断罪された。そこには軍司法官が軍律最優先に固執した実例が包み隠さず示されている。

カムラーの詳細な報告書は、翌年『〈殺戮にはうんざりして投降した……〉――拒否と抵抗の狭間《はざま》のカッセルの兵士たち(一九三九～一九四五)・資料』の書名で出版され、脱走兵、軍司法研究の先駆的著作となった。一九四〇年生まれのカムラーは、インタビューに答えて、このテーマは戦争世代から長らくタブー視され否定されてきたが、自分のような戦中生まれの世代にとって非常に重要な意味をもつようになった、と語っている(『シュピーゲル』一九八五年三〇号)。のちに彼がバウマンたちの復権活動に加わるのも、こうした経緯がある。

レスタートの発議から四年余を経た一九八五年二月、カムラーの実態報告に拠《よ》って改めて発議がなされ、野党議員の反対を斥け、ようやく議決された。戦後四〇年間、ナチス期の脱走兵に対して大方の歴史家たちは関心を示さず、その存在さえ無視してきた。それだけにカッセル市議会の議決は全国的に注目を集めた。

ちなみにいうと、二〇一九年段階でドイツ全土には一〇万以上の戦没者記念碑に対して、脱走兵記念碑等は四一カ所に存在する。その最初となったカッセル記念銘板にはこう記されている。

ナチス圧制のための兵士になることを拒否し、そのために迫害され殺害されたカッセルの兵士たちを追悼する。カッセル市。一九八五年二月四日市議会の決議

元脱走兵オトル・アイヒャーの主張

カッセル市が追悼銘板の設置を決議したのは一九八五年、この戦後四〇年を契機にオトル・アイヒャー(一九二二~九一)は、自分が脱走兵であったと公表した。読者のなかには、彼が二〇世紀ドイツを代表するグラフィックデザイナー、一九七二年ミュンヘン・オリンピックの総合デザイナーにしてピクトグラム(絵文字)普及の立役者で、またルフトハンザ航空のロゴマークの制作者であることを、ご存じの方もいよう。

アイヒャーはバーデン=ヴュルテンベルク州のウルム市生まれ、有名な反ナチ抵抗運動の大学生グループ《白バラ》のメンバー、ハンス・ショル、ゾフィ・ショル兄妹の末弟ヴェルナ

ウルム民衆大学の活動に励んでいた1950年代初頭のオトル・アイヒャーとショル家の長女インゲ・ショル（右端）、次女エリーザベト（真中）（F. Geyken: *Wir standen nicht abseits. Frauen im Widerstand gegen Hitler*, 2014）

ー・ショルと少年時代からの親友で、ショル兄弟全員とも友だちであった。ヒトラー独裁を嫌悪し、ヒトラーユーゲントに加入することを拒否しつづけたためギムナジウムの修了資格（アビトゥア）を得られないまま、一九歳で応召。一九四五年一月東部戦線で脱走し終戦までショル家に逃れ地下室に匿われる。戦後ゾフィーの姉インゲ・ショルと結婚、インゲを支えてウルム市に民衆大学（成人教育施設）を創設、さらにデザイナーのマックス・ビル、妻インゲと造形大学を共同創設した。アイヒャーはこうした履歴のうち、ゾフィー・ショルとの交友からミュンヘンの《白バラ》グループの処刑、自身の脱走までの詳細な経緯を、一九八五年春の著作『戦争の内側』で語っている。

　アイヒャーは脱走兵に対する世間の偏見や反発を十分知っていた。いくら国際的デザイナーであるとはいっても、公表するには覚悟が要る。だが彼にもやはりナチスの国家を最悪の「不法国家」とみなす明確な認識があった。以下、アイヒャーの主張を引いてみよう。

私は脱走兵なのか？

そうだとすれば私を縛り、義務を負わせる権威ある機関がなければならないはずだ。どこにそうした機関があるのか？　国家だって？　その国家つまりナチ国家は国家たる権威を不当な手段で手に入れたのだ。国民国家の形式をとって、なんら正当と認められることもなく、最高かつ最終的な機関となったにすぎない。行政機能は委任されたが、不遜にも忠誠を誓わせることができるはずだと、権力に我を忘れただけだ。（中略）戦争をおっぱじめて、他国の人々を焼き殺す国家に、どうして私に忠誠を要求する権利があるというのか。ドイツ的なものすべてを残忍に汚すこうした国の崩壊を、私は願ってきたのだ。

（『戦争の内側』）

これほど堂々とナチスドイツを「不法国家」であると否定し自己を語るアイヒャーにすれば、脱走兵は祖国への裏切り者でも、卑怯者でもなかった。むしろナチスの国家を見限った兵士の行動は称えられるものとなった。そうした彼の考えは、郷里ウルムの脱走兵の記念碑建立の動きに呼応して、彼がしたためたつぎのことばに見てとれる。

第二次世界大戦の兵士の記念碑とは何か？

それは我々のためのものではない。我々はこの戦争をひきおこしたのだから。第一次世界大戦は人間と爆弾、毒ガスの闘いの無意味さを露《あら》わにし、今次の戦争では人間はさらに道徳的にも政治的にも退廃した。兵士は政治的狂気を実行するだけの大量の道具になった。（中略）兵士は分別を奪われ侵略戦争のためにモノとして扱われた。兵士は自制心も自尊心もない、国家のプロパガンダによって調教された生き物になり下がったのだ。

誰もがそうした状態に落ち込むのではない、少数の者はそれを逃れる。今次の戦争でまだ英雄がいるとすれば、戦争を見通して、戦争から逃れた者である。

だから英雄の記念碑があるとすれば、脱走兵の記念碑がそうなるだろう。

（「序文 記念碑を考える」N・ハーゼ『ドイツの脱走兵』一九八七年）

ここにはアイヒャーの確たる反戦平和思想にもとづく、ナチス期脱走兵に対する新たな解釈がある。政治的狂気に抗した彼ら脱走兵こそ、追悼に値する存在なのだと。さらに彼にとっては、西ドイツの基本法に定められた〈兵役拒否〉の規定は単なる特例ではなく、「脱走兵の立場を本来的に代弁している人権規定」にほかならなかった。基本法四条三項はこう規定している、「何人も良心に反して武器をもって兵役に就くことを強制されてはならない」。

ブレーメンの「無名の脱走兵」追悼像

バウマンの住むブレーメンでも、カッセル市に次いで脱走兵追悼の動きがあった。その発端は、NATO軍の新型核ミサイル配備に反対する連邦軍の元軍人たちが《グループ・〝予備役兵は拒否する〟》を結成し、一九八三年一〇月にメンバー八〇人がブレーメン駅前広場で兵役拒否を宣言し兵役手帳を兵員補充局に返却したことである。

だが翌年ついに西ドイツ、ベルギーなど西側諸国でミサイル配備が開始された。西ドイツ各地の都市で抗議のデモが頻発するなか、この反対グループも学習して活発に行動するようになった。彼らは脱走を「兵役拒否の一つの形態」と考え、反ナチ脱走兵にその原型を見た。その見地から「人が戦争を強制されてはならないという歴史の教訓を引き継ぐ警告の記念碑」を自作した。

反対グループは一九八六年四月はじめ、自作の像をブレーメン市庁舎前に運び披露した。NATOのベルギー軍の偽装網付き鉄かぶとを被り、目を閉じた兵士の頭部だけの彫像である。石づくりの彫像を載せた一・二メートルのコンクリートの角柱には、「無名の脱走兵に寄せる」と記した銘板が打たれている。この記念碑の設置をめぐって生じた争いのために彫像の口元が破損したが、ともかく市庁舎内に収められた。

ところがこの記念碑に、ブレーメン北西のシュヴァネヴェーデに駐屯する連邦軍旅団本部が反発した。さらに社民党のヘルムート・シュミット（一九一八～二〇一五、在任一九七四～八二）政権に代わって、一九八二年自由民主党と連立を組み政権についた、キリスト教民主同盟のヘルムート・コール（一九三〇～二〇一七、在任一九八二～九八）内閣のマンフレート・ヴェルナー国防相までが、ブレーメン市長にこのままだと軍関係の物資を市からは購入しないと伝えるなど、これを撤去するように圧力をかけた。彫像がベルギー軍兵士に似せられていたこともあって、「脱走することが、まるで連邦軍兵士にとっても道徳的な義務だと宣伝するようなものだ」という理由からである。

フェーゲザック市民センターのホール入口に置かれたかぶとを被った無名脱走兵の彫像（筆者撮影）

結局、記念像はブレーメン市北部のフェーゲザックに移され、同地の市民センターのホール入口に据えられた。これに対しても、連邦軍旅団は兵士たちが市民センターに立ちよることを禁じる措置をとった。この一連の出来事はテレビや新聞などメディアに大きく取り上げられ、その後も数年、賛否両論の議論が続いた。

バウマンの決意

バウマンは脱走兵追悼をめぐる近年の動向につよい関心を抱きながらも、つとめて行動には表さなかった。だが、いまや事がブレーメン北部地区フェーゲザックで出来《しゅったい》するに及んで、沈黙してはいられなかった。彼はこのフェーゲザックの狭い集合住宅の三階に住んでおり、市民センターはすぐ近くである。そこで彼は件《くだん》の彫像を見つめた。そしてその「目を閉じ唇の欠けた絶望的な表情の小さな彫像」が、紛れもなく「自分たち脱走兵のための記念碑」であると感じ取った。

バウマンはじっと考えた。おのが人生を決定づけた脱走兵としての過去を、いま現在に結びつけよう。これまで脱走兵はその存在さえ否定され、無視されてきた。自分がそうであったように、国家から捨ておかれ社会からも疎外されて、希望のない日々を生きながらえる、脱走兵の生を意味あるものにし、奪われた「人間の尊厳」をいま現在に取り戻そう。そうしないと「国家的理由から邪魔になるやつらだとされ、いつまでも罰せられる」だけだ。このたびの「無名の脱走兵」の小像をめぐる公の扱いは、そのことを如実に表している、こう思った。

バウマンの反戦平和の活動は、亡き友ルカシッツの遺志を継いだものであった。それがブレーメンの出来事をきっかけに、さらにルカシッツとクルト二人の友の死を意味あるものとすること、社会の片隅に息を潜めて生きるナチス軍司法に断罪された人々を復権させることに結びついた。こうしてバウマンの後半生に新たな行動目標が生まれた。それは自分たちに否定的な世論を変えて、政治をも動かすという困難で遠大な目標である。

一九八六年秋、六五歳を目前にバウマンが最初にしたことがある。すでに忘れてしまい、あるいは押さえ込んだ記憶を取り戻すために、ブレーメンの公文書館を通じてアーヘン近郊コルネリミュンスターの連邦文書館分館（国防軍裁判関係文書の収蔵庫）に自分の軍隊記録を求めることだ。彼の軍隊記録は保管され残っていた。戦地とはいっても、フランスの湾岸占領地区で戦闘とは縁遠かったし、軍事的に膠着《こうちゃく》状態にあったことが幸いしたのだろう。彼は四〇年余り前の自分に関する分厚い文書を手にした。「判定書」「尋問調書」「死刑判決」「助命嘆願書」等々である。最初は頭が混乱して読みつづけることができず、コピーして自宅で少しずつ読んでは内容を咀嚼《そしゃく》したという。

なぜ彼はそうしたのか。理由は明白だ。ヒトラーの戦争のもとで遂行された、常軌を逸した軍司法の実際を知る〈時代の証人〉あるいは〈歴史の語り部〉として、積極的にみずからの体験を社会に伝えるためである。

「私は脱走兵だった」——バウマンの行動

元脱走兵だと公言したのちのバウマンの活動は多岐にわたった。兵役に就く青年たちに向かって語るのも、その活動の一環である。

三カ月ごとに早朝ブレーメン中央駅一番線のホームで、連邦軍新兵専用列車の到着までの時間、バウマンは青年たちに良心的兵役拒否について語った。当初、彼の行動に、鉄道公安警察は待ったをかけ、彼に駅構内への立ち入りを禁じた。だが屈しなかった。一九八八年、彼は地

ブレーメン中央駅のホームで青年たちに思いを語るバウマン（『活動記録』）

裁と上級地裁から、彼の行動が旅行者の往来の妨げにならないかぎり問題ないという判決を得て、活動を再開した。日刊紙『ヴェーザー＝クリール』は一九八八年九月と一九九二年四月の二度、欠かさず活動を続けるバウマンについて伝えている。一九八八年の記事を中心にその様子を記そう。

バウマンは語る。「私は見てのとおり老人で、戦争では脱走した人間である。……」髪を短く刈り上げた一八歳の若者たちの多くは、バウマンの話を興味深げに、あるいは懐疑的に、また面白がって聞いていた。見送りの親たちは、なんと馬鹿なことを言う、息子たちは戦争にではなく義務を果たしに行くだけだ、要らざる口出しをするな、と口々に彼を怒鳴りつけた。警官三人が彼に近寄ってきて制止し退去させようとした。彼は怖気《おじけ》づくことなく、〝すでに許可を得ている、上司に聞け〟と言って腕を振りほどき、さらに大声で話した。「毎日、地上では一〇万人が我々の富のために飢えている。権力と富が不当に配置、分配されてきたためだ。だがこうした関係はぐらついている、その動きを鎮めようと、昔も今も兵士たちが事にあたらされている。だが連邦軍から離脱する方法はいくつもある。これまでの歴史から学びとってほしい。君たちの良心と任務が一致しないのであれば、拒否することだ。君たち自身を悪用させてはならない。基本法の規定を盾にとることだ。武器をとる任務に代わるもの（＝兵役拒否者に課せられる社会奉仕勤務）があることを、ぜひ意識してもらいたい。また、連邦軍の一員としてであっても（「犯罪的な命令を拒否すること」を定める「軍人法」を盾にしながら――對馬）、いつもこう問うべきだ。〝私はこの命令に市民生活においても従うことができるだろうか〟と。決して自分の良心に反する行動をすべきではないのだ」

これを読むと、バウマンがその場にまったくそぐわない雰囲気のなかで、敢《あ》えて若者たちに自分の〝思い〟を語ろうとする意思が見てとれる。もっとも彼のような死線を越えて立ち直った人間にすれば、それは何でもない日常的な行動であった。彼は言う。「我々には表現の自由があるのだ、こうしたことは市民的勇気《ツィヴィル・クラージュ》で足りることなのだ」

ここで付言しておくことがある。基本法を盾にしたバウマンの呼びかけはさきのオトル・アイヒャーの兵役拒否の主張とも共通している。二人に面識はないが、同世代でともに反ナチ、反ヒトラーユーゲントを貫き、一九八五年、八六年相次ぎ脱走兵であったと公表した。公表した著名人はアイヒャーだけではない。作家アルフレート・アンデルシュ（一九一四～八〇）やノーベル文学賞作家ハインリヒ・ベル（一九一七～八五）――ベルの公表は没後――がいた。だが平和運動に取り組み、また作品として脱走兵問題をテーマにしたことはあっても、彼らがその復権活動に直接かかわったわけではない。芸術家アイヒャーとはそこが違う。アイヒャーは、ウルム市中心部にみずから《白バラ》ショル兄妹の追悼記念碑を建設し、さらに脱走兵の追悼と復権のために積極的に行動を開始した。だが一九九一年自動車事故のために急死した。その意味で、彼はバウマンに後事を託したことになる。

復権活動の胎動

バウマンを中心に、軍法会議で断罪された人々を「犯罪者」ではなく「ナチス軍司法の犠牲者」と位置づけて復権を求める全国組織が結成され、活動が実際に始まったのは一九九〇年一〇月のことである。すでにそれまでにも、疎外された彼らの存在に焦点を当て、公共の議論にまで広げようとする様々な活動が、ドイツ各地であった。一九八〇年から九五年までに西ドイツおよび統一後のドイツ全体で脱走兵復権を掲げる団体六〇以上が、緑の党の地方議員や平和運動家を担い手として生まれ、行動していたという。この若い世代の新生政党によって、はじめて「忘れられたナチスの犠牲者」が注目され解決すべき人権問題に位置づけられたという指摘（石田勇治）は、適切である。

またバウマン自身も、一九八九年九月には女優ハンネ・ヒオプ（劇作家ブレヒトの娘、一九二三～二〇〇九）、元脱走兵の作家ゲルハルト・ツヴェレンツ（一九二五～二〇一五）らとともに、脱走兵問題を公衆に考えてもらおうと小劇団「脱走兵劇団」を組織して、ボン、ハンブルク、ミュンヘンなどを巡回する全国公演をおこなっている（『自伝』）。

一九九〇年は周知のようにドイツ再統一の年、前年一一月には突然東西ドイツの国境が開放されている。「全国協会」の結成がなぜ一九九〇年までかかったのかを問われ、バウマンは答えている。「はっきりしています。脱走はどんな世界でも絶対的に否定されてきたからです」。言わんとしたのは、軍隊からの脱走を悪だとする社会通念が、ナチス軍司法のもとでは妥当しないと理解させるためには、時間が必要であったということだ。だがいまや東西ドイツの敵対しあう軍隊の存在とイデオロギー対立という大前提が崩れることで、ナチスの時代もより客観的に見つめられるようになった。バウマンにすれば、ようやく「機が熟した」ことになる。

もちろん〝通念〟を崩すには人々に染みついた固定観念を砕かねばならないし、客観的な裏づけも要る。しかもそれがただ一部の人々に知られるだけではなく、はばひろく理解され共有されねばならない。一九八〇年代後半になって、ようやくそのための調査研究にもとづく本格的な書籍も刊行されるようになった。重要なのはこのことである。次節ではこれにまつわる事態を少し詳しく述べてみたい。

3 ナチス軍司法への批判——シュヴィンゲ対メッサーシュミット／ヴュルナー

『ナチス時代のドイツ軍司法』の刊行

「ナチス軍司法」ということばには、とりわけ個別専門的というイメージがある。ドイツ軍事史の一分野かつドイツ法制史の一分野として、歴史学と法学の交わる狭く限定された専門領域だからだ。それだけに軍事史研究としては、伝統的に軍事思想、戦史、戦略史などは蓄積されてきても、正面からナチス軍司法を取り上げた書籍は一九七〇年代までなかった。法制史においても同様である。

その意味では、エーリヒ・シュヴィンゲ編の『ナチス時代のドイツ軍司法』（一九七七年一一月）は先駆的である。もっとも、この書籍は紆余《うよ》曲折《きょくせつ》を経て出版された。

すでに前章で強調したことだが、一九五〇年代からナチス軍司法の正史づくりは「元軍法律家連合会」の決議以来の課題であった。それは、初代の連邦最高裁長官を務めたヘルマン・ヴァインカウフ（一八九四〜一九八一）が一九六二年に企画した叢書《そうしょ》『ドイツ司法とナチズム』の一巻として、ミュンヘン現代史研究所からの刊行というかたちで実現しかけた。だが執筆者の元空軍司法官・連邦最高裁首席検事オットー・シュヴェリンク（一九〇四〜七六）が四年以上かけて仕上げた原稿は、記述が「軍司法についてあまりに弁明的である」と、研究所に拒絶された。監修者ヴァインカウフはホロコースト研究、日常史の先駆的研究で名高い所長マルチン・ブロシャート（一九二六〜八九）に再考を促したが、容れられず宙に浮いたまま一〇年近く過ぎた。

ナチズム研究で知られる現代史研究所には、さきにも挙げたナチス司法研究者ロタール・グルッフマンがいた。彼は丹念に国防軍三軍の軍法会議の資料調査にあたっており、とくに海軍司法の実態を研究所の『季刊現代史』（一九七八年）に報告している――彼はミュンヘンのビアホールでヒトラー暗殺を企て失敗したゲオルク・エルザー（一九〇三〜四五）のゲシュタポ調書も発掘し検証した――。結局、シュヴェリンクの原稿は研究所から一九七六年三月に正式に刊行を拒否された。

こうしたなかで、編者のシュヴィンゲが刊行の全責任を負うことになった。彼の九頁にわたる「序文」はこの間の経緯を暴露的な筆致で記している。とくに出版の是非を決める審査会（五人）に「連邦軍軍事史研究所の歴史家マンフレート・メッサーシュミット教授」が加わっていたこと、その審査で否定的な意見を述べた彼を、シュヴェリンクは「メッサーシュミットには客観性が欠ける」と嫌悪し、その後一切の作業から手を引いたこと、シュヴィンゲ自身も研究所の審査自体につよい不満と不信の念を抱いていたことなどである。

さらに本文でも、メッサーシュミットの著書『ナチス国家の国防軍——教化の時代』（一九六九年）が槍玉《やりだま》にあげられている。つまり彼が「終戦時には一八〜一九歳で当時の状況を把握するに必要な知識や経験」がなく、記述も「個人的な誤った考え方」にとらわれ偏っているなどと、激しく批判されている。その叙述がナチス国防軍、軍司法に批判的であったにしても、個人の研究書がこれほどまで貶《けな》されるのも珍しい。

総括としてこう記される。ドイツ軍司法は「テロルの司法」でも「苛烈な法の手先」でもなく、「仮借なく処罰したという非難」もあたらない。このことは「統計資料のほかコルネリミュンスターの一一万以上の個別文書」を踏まえて確認したことである。軍人関係の死刑判決は戦争末期には増えたが、「総計してもせいぜい一万から一万二〇〇〇件」である。とくに強調したいのは、軍司法の「指導層全員がナチズムに距離を置き、法治国家の立場を堅持していた」ことである。

さらに「補遺」には、ナチス軍司法を担った人物の証言が掲載されている。一人はニュルンベルク継続裁判の被告人ルドルフ・レーマンの同僚、弁護人ともなったエーリヒ・ラットマン（一八九四〜一九八四）、もう一人は例の元国家軍法会議長官マックス・バスティアンである。いずれも、軍司法がヒトラーの無謀な介入を密《ひそ》かに防いだこと、また軍司法が誠実に民族と国家のために公正な裁判に努めたことを強調する内容である。通読すると、彼ら二人に自己批判の文言は一切なく、自己正当化だけが目につく。

駄目押しというべきか、ナチス軍司法が反ヒトラーを貫いたと印象づけるため、シュヴィンゲは本書を《七月二〇日事件》に関与し処刑された二人の軍司法官、陸軍法務部長カール・ザック（一八九六～一九四五）と、開戦前に空軍法務部に在籍した法律家リュディガー・シュライヒャー（一八九五～一九四五）――彼は実際には軍司法に不適格として早々に排除されていた――に献呈している。

「序文」からは、シュヴェリンクの草稿が一〇〇〇頁と大部であり、シュヴィンゲが記述内容を圧縮し推敲《すいこう》して『ナチス時代のドイツ軍司法』（全四〇六頁）を刊行したことが、うかがわれる。こうして同書は現代史研究所の評価とは無関係に、マールブルクの一書肆《しょし》から出版された。だが、たとい学問的に権威ある研究所から斥けられたとはいえ、ナチスの軍司法を正当化した歴史像を示すという軍司法官たちの宿願は、これによってひとまず達成されたことになる。同書は一九七七年出版の翌年早々に二版を重ね、二、三の批評ではナチス期軍司法が称えられたようだ。仲間内の強力な支援と協力があってのことだろう。

正史となった『ナチス時代のドイツ軍司法』

以後、『ナチス時代のドイツ軍司法』は保守的政治家たちにも称揚され、いわば「清潔な軍司法」という保証を得て、権威ある〝正史〟の地位を占めていく。その結果、ナチス軍法会議の判決は、依然として一般司法の世界でも擁護され、軍法違反で断罪された人々の〝真実〟が隠蔽されることになった。悪意の世界というほかない。戦争を生きのびても彼らは公文書に「前科者」として記載され、公的には無視され排除されつづけるのだから。一番の問題はこの点にある。

もちろん《フィルビンガー事件》によって、ナチス軍司法に対する疑惑がふき出して、〝正史〟とされた同書に対しても不信の念が渦巻いていた。というのは、編者シュヴィンゲ自身が戦争末期に「拾得物横領」を重罪の「略奪」罪にして、一七歳の少年兵アントン・レシュニィに死刑判決を下したことが（第I章参照）、四〇年後になって暴露され、『シュピーゲル』誌（一九八四年一〇月）にも「野蛮な判決」とスキャンダラスに報じられていたからである。だがその非難になんら動じなかったのも、傲岸なシュヴィンゲらしい。

当時ドイツには「アカデミカー」（大卒以上の知識層）からなる伝統的な知識人社会の気風が、まだ息づいていた。そうした雰囲気のなかでマールブルク大学名誉教授、著名な刑法学者という専門性を盾にした職業エリートの〝権威〟を前にして、正面きって同書に異議を唱える識者はいなかった。元々軍司法の知識は限られた専門家集団に、しかも関与した元軍司法官たちに専有されてきたから、たとえば彼らが主張する、死刑判決が「一万から一万二〇〇〇件」という数字を、そんな少ないはずはないと疑っても、それを覆す客観的な裏づけがいまだ何一つ提示されていなかったのである。〝部外者に何がわかる〟と言われると、それまでだった。

してみると、ナチス軍司法を批判する実証的な研究成果がこれほど必要とされ、待ち望まれていたときはなかったともいえる。状況からすれば、歴史研究者に課された社会的歴史的な役割がこれほど問われたことはなかった。だが大家と称される戦争世代の歴史家ほど、沈黙しつづけた。

カッセル市議会の脱走兵追悼銘板の根拠となったカムラーの調査報告が著書となって世に出たのは、シュヴィンゲの〝正史〟刊行の七年余り後のことだが、それとて〝正統な〟歴史家ではなく政治学者の手になるものであった。〝正史〟そのものに真っ向から反駁《はんばく》する書として、メッサーシュミットたちの著作が出版されるまで、さらに二年余の月日を待たねばならない。じつに〝正史〟刊行の一〇年後のことだ。

この間、ナチズムとホロコーストの相対化をめぐる議論（「歴史家論争」）が歴史家たちの注目を集め、またナチス支配社会の日常研究が新たな潮流とはなっても、軍司法の実態にまで関心が寄せられることはなかった。それはいわば「傍系」歴史研究の対象でありつづけた。のちに「〝歴史家ツンフト〟の数十年間の怠慢」（ハンノ・キューネルト）という批判が出されるゆえんである。

マンフレート・メッサーシュミット

そこでメッサーシュミットについてである。彼はバウマンに復権を求める行動をとるように励まし、ナチス軍法で断罪された人々の復権活動を学術顧問として支えた中心的存在である。

マンフレート・メッサーシュミット（*»Was damals Recht war...«*）

バウマンより五歳年下で、一九二六年一〇月ドルトムント生まれ、戦争末期には高射砲台補助員を経て応召。終戦後一九四七年アビトゥア取得、ミュンスター大学を経てフライブルク大学で歴史家ゲルハルト・リッター教授の下で博士号を取得（一九五四年）、その後法学を学修し一九六二年国家司法試験にも合格し法曹資格をもつ。つまり歴史家にして法律家である。

一九六二年、メッサーシュミットは歴史家としてフライブルクに一九五七年創設された「軍事史研究所」（MGFA）の所員となり、その後一九七〇年から「幹部歴史家」という職名の研究部長（教授職）を一九八八年まで務め、退職している。この研究所は伝統的な大学の講座・研究室とは別系統の、連邦軍所属の研究施設であった。だが当時彼のポストは所長と同格で、国防省直属の相対的に自立した地位にあり、研究方針も自由に決めることができたという。

メッサーシュミットには、戦後政治的に美化された国防軍（「清潔神話」）に寄り添う意図は毛頭なかった。むしろ国防軍が「ナチス体制の鋼のような保証人」となり「戦争遂行で犯罪を犯した」のはなぜなのかと、批判的に見つめる基本姿勢があった。そうした彼の部長就任には、当然ながら保守的な連邦軍幹部の反対があった。だが反対を押し切って、ブラント内閣のヘルムート・シュミット国防相（在任一九六九〜七二、のちの首相）は、彼を抜擢《ばってき》した。こうして彼の主導によって伝統的な軍事史と異なる「批判的軍事史」の研究が生まれていく。前述したメッサーシュミットの著書がシュヴェリンクから攻撃されたのも、こうした背景がある。彼らにすれば、メッサーシュミットは本来一枚岩の鉄壁な軍の組織にいながら、それに害をなすあるまじき存在に映っていたということだろう。

だが国防省内外から敵視されようがされまいが、ナチス軍司法はメッサーシュミットにとって国防軍研究を拡大深化させるテーマ、歴史家にして法律家という彼の立場にしてはじめてなしうる研究対象であった。シュヴィンゲ編の『ナチス時代のドイツ軍司法』は彼の批判にもかかわらず刊行され、ナチス軍司法が正当化されていた。その一方で、現実には《フィルビンガー事件》が大きな波紋を呼んでいた。

メッサーシュミットは、すでにナチス軍司法が西側連合国軍と異なり「イデオロギー的な弾圧装置」となっているという論考（「第二次世界大戦下ドイツの軍事裁判権」）を『ヒルシュ教授記念論文集』（一九八一年）に寄稿し、研究者としての知見を示していた。しかしその読者は限られた専門研究者である。メディアに取り上げられひろく人々に理解される必要があった。

現に司法界の世代交代がすすんだ一九八六年一一月、一つの会派として緑の党がはじめてナチス軍司法の活動（とくに「兵役拒否」と「脱走」および「国防力破壊」に関する判決）の実際を

エムスラント資料情報センター主催の学習会（1988年）で講演するフリッツ・ヴュルナー
(*»Was damals Recht war...«*)

究明し、それについて回答するよう連邦議会で政府に要求した。これに対して一一月二五日、連邦司法省は政府の回答として、軍司法の全体像を知るうえで死刑判決の数字の検証が今後の課題であるとしながらも、軍法会議の判決を否定せず、依然正当であるとみなしている（「連邦議会印刷資料《ドゥルックザッヘ》」一〇／六五六六）。

　こうしたなか一九八七年秋、ようやくマンフレート・メッサーシュミット／フリッツ・ヴュルナー共著『ナチズムに奉仕した国防軍司法——神話の崩壊』が刊行された。その内容に立ち入る前に共著者のフリッツ・ヴュルナーについて記そう。

フリッツ・ヴュルナー

　フリッツ・ヴュルナー（一九一二〜九六）は、メッサーシュミット同様バウマンたちの復権活動を最初から全面的に（財政的にも）支援した人物だが、歴史家でも法律家でもない。北西ドイツ、ミュンスターラントに生まれ、長年保険会社を経営したハイデルベルク在住の元経済人である。一九八一年、業界からの引退を機に、かねてより疑問に抱いていた弟ハインリヒの死について調査を始めた。弟は一九四〇年国防軍に応召しフランス戦線に配属、一九四一年エスターヴェーゲン軍懲罰収容所に送られ、その後懲罰部隊に入れられたが、「脱走のかどで射殺」されたという。これについて真相を知ろうとしたのである。

はじめにナチス期の軍司法を調べようとしたが、彼はそれを総括的に扱った書物が件のシュヴィンゲ編『ナチス時代のドイツ軍司法』だけだということを知った。ヴュルナーの言によると、その書物を数日かけて読んで衝撃を受け不快感だけが残った。専門知識がなくとも、同書が「無責任な弁解と正当化だけを図る虚偽の本」であると知ったからだという。そこで彼は一から自分で調査することにした。一九八一年六九歳のときである。

関係文書資料の発掘と調査活動は一五年間続いた。まず彼の居住するハイデルベルクに始まって、ミュンヘン、コブレンツ、アーヘン（コルネリミュンスター）、シュトゥットガルト、フライブルク、ウィーン、ポツダム、プラハその他各地に及ぶ。ヴュルナーはほぼ隈《くま》なく資料を調査したが、結局、弟の記録を見出すことはできなかった。だがウィーンで一九八四年シュヴィンゲの裁判指揮と判決にかかわる文書を発見。そのなかに少年兵レシュニィに下した判決文書等もあった。それが『シュピーゲル』誌によって「野蛮な判決」として報じられた。

メッサーシュミットとヴュルナーが共同執筆するにいたる経緯は不明である。だがヴュルナーの綿密な資料探索それも未知の資料の発掘がメッサーシュミットを勇気づけたこと、それなくして法学系の出版社として著名な「ノモス出版」から共著として刊行されることもなかったことは、確かだろう。

反駁の書『ナチズムに奉仕した国防軍司法――神話の崩壊』

『ナチズムに奉仕した国防軍司法――神話の崩壊』の「序文」の冒頭には、「本報告は今日ひろく軍司法の正史とみなされている叙述に反論するためのものである」と記されている。つまり『ナチス時代のドイツ軍司法』を根底から否定する書である。本書は裁判判決や軍法などの写真資料を含む全三六五頁からなり、その内容は凝縮されている。「正史」を否定する論点は多岐にわたるが、主な点を示すとこうなる。

その一は、軍司法がヒトラー独裁およびナチズムの法思想と密着していたにもかかわらず、軍司法＝軍法会議がナチズムの敵対者であったとする弁明に対してである。その弁明のために国防軍の「清潔・潔白神話」と同様、軍司法の実態は都合よく「潤色」された。だがそもそも軍司法官は、ヒトラー総統指揮の「政治的な裁判官団」として存在したのであり、その任務は「総統の政治的意思を実行し護《まも》ること」にあった、と。

その二は、ナチス軍司法を擁護するために、民主主義の国家でも戦時下の軍刑法は厳格に執行されたと強調されるが、実際にそれを裏づける数字が曖昧にされたことに対してである。たとえば、同時期の米英仏軍は合計しても、処刑数は二八八件にとどまっている。イギリス軍では「政治的な発言」（ナチス軍法の国防力破壊の範疇《はんちゅう》）による死刑判決は、一件もない。アメリカ軍で唯一「脱走」のかどで処刑されたエドワード・スロヴィック二等兵の事案でさえ、戦後には本国で彼の処刑の是非が激しく議論された。

ところがドイツ軍の場合、「一九四四年一二月三一日の状況にもとづく国防軍損失数」の報告では処刑数は九七三二とされるが、海軍八三六件、空軍九八二件は含まれていない。これらを合算しただけで一万一五五〇の処刑数となる。処刑が激増する戦争最末期の数字は一切算出されてはいない。だが「正史」では「死刑判決は総計して一万～一万二〇〇〇、処刑数はせいぜいその六〇パーセントだけだろう」と記している。

その三は、断罪される兵士が圧倒的に多かった「脱走」と「国防力破壊」の実態が、粉飾されたことに対してである。これら二つの軍法違反は、とりわけ軍司法官の注力する重大犯罪であった。国防軍犯罪統計の数字にコルネリミュンスターの「死刑宣告カード」の数字などを積算すると、脱走に対する死刑宣告は最低でも三万五〇〇〇件で、その六五パーセント以上が処刑された。また国防力破壊は、国防軍犯罪統計による一九四四年六月三〇日までの有罪判決件数が一万四二六二であり、さらに記録の喪失や報告の延着などの要因を考慮すると、戦争全期間については、最少に見積もっても三万件にのぼる。

したがって「正史」は、その積算された数字にも明らかなように、客観性を欠く「欺瞞の書」である。

最後に、著者（メッサーシュミット）はナチス時代の軍司法について総括し、大要こう述べる。

国防軍司法は、ナチス支配を安定的に存続させる最も重要な機関の一つであった。軍司法官は意に反して活動させられたのではない。反対に軍司法は積極的にナチス支配に順応し、司法官はその忠実な駒となった。ナチス国家では「民族共同体」「軍共同体」を構築することが至上目的となった。「個人主義の残滓《ざんし》」は徹底的に抑圧され、「個人のための空間」は一掃された。ナチスの法律家たちは〈民族共同体を絶対視するイデオロギー〉を法の解釈にも導入したが、軍司法官も同様の立ち位置にあった。戦争はこの傾向を急速につよめ、軍司法官は「民族の闘争心を高めそれを守る戦い」に奉仕するという政治的任務を帯びた。軍司法は極度に苛酷になり、兵士は些細なことで死刑を宣告された。「民族・軍共同体」から排除された兵士は、あらためて懲罰部隊に編入されて最前線での死を迫られた。戦争末期の即決裁判、移動即決裁判は、そのために容赦なく機能した。悪名高い特別法廷やフライスラーの民族法廷をはるかに凌《しの》ぐ「約五万の死刑判決」はその結果だが、それとてナチス国家の誇大妄想と政治的な狂気の一部にすぎない。

さらに断罪された幾千の兵士にまつわる「不名誉」について。彼らは正常な規範や軍律に背いたために、自分の名誉を失ったのではない。そうではなく、多くの兵士は「もう一つの祖国」のために死んだのではないかと問われねばならない。不法国家と絶滅戦争を、彼らはヒトラーに忠誠を誓う軍司法官たちよりも鋭く見抜き、政治的に醒《さ》めていた。臆病のためではなく、ナチス体制に仕えたりその手先にはなるまいとして、どれほど多くの兵士が脱走兵となったことか。ナチズムとヒトラーの政策を批判する国防力破壊が、なぜ「不名誉」となり誇られるのか。軍司法官には「民族共同体」以外に、「みずからの信念に忠実な勇者たち」が存在してはならなかったからなのだ。

このように著者メッサーシュミットは締めくくる。注目すべきは、脱走兵問題をナチス不法体制への抵抗史という文脈に組み込み理解する立場が示されていることである。それは同時にまた検事長フリッツ・バウアーに始まり、レスタート市議、オトル・アイヒャーの主張を敷衍《ふえん》して論じたものと見ることができる。

反響

メッサーシュミットとヴュルナーの〝反駁の書〟に対する反響は、絶大であった。とくに《フィルビンガー事件》以来ナチス軍司法を取り上げてきた『シュピーゲル』誌は、「人命は無も同然」の大見出しで、一九八七年一〇月二回連続で共著の内容を詳細に紹介し歓迎した。二人によってナチスの軍司法は「根本から書きあらためられ、司法の化けの皮が剝《は》がされた」と。元々疑問視されていたのだが、シュヴィンゲ編『ナチス時代のドイツ軍司法』の信憑性《しんぴょうせい》は一挙に失われた。

一方、共著者のヴュルナーは新たに脚光を浴びる存在になった。なにしろ学術の世界とは無縁の七五歳の元経営者であったのだから。

こうした事態に気持ちが収まらないのはシュヴィンゲである。翌年五月彼は『欺瞞と真実——国防軍の裁判権の姿』を著し反論に努めた。だが、メッサーシュミットについて「連邦軍の内部でこのような恥ずべき行動を止めなかったことは信じがたい」とか、ヴュルナーを「自称歴史家」「うさん臭いパートナー」と誇り、「メッサーシュミットは最初から完全に軍司法に歪《ゆが》んだイメージをもっている」「二人の論証は欠陥だらけ」「三万人という数字は単なる幻想の産物」と、論拠を示さずに非難するだけで激昂《げきこう》の書に終わっている。

話はこれにとどまらない。ヴュルナーはその後も黙々と軍司法関係の資料発掘と調査分析をしつづけた。彼はその成果を一九九一年夏ついに公刊した。もはや執念のたまものとでも形容すべきだろう。七九歳のときのことである。

決定打となったヴュルナー著『ナチス軍司法と悲惨な歴史記述』

歴史家でも研究者でもない「うさん臭いパートナー」と見下し侮るシュヴィンゲに、ヴュルナーは一九九一年夏『ナチス軍司法と悲惨な歴史記述——基礎的研究報告』（ノモス出版刊）をもって応えた。全九〇七頁の大著である。

これによってメッサーシュミットとの共著が、内容的に補強されただけではない。断罪された兵士たちの悲惨な状態、シュヴィンゲの苛酷な軍法観にもとづく脱走と国防力破壊に対する処罰内容、軍懲罰収容所や軍刑務所、懲罰部隊の実際、軍司法の「恐怖による支配」と「恣意的な判決」の実態などを、具体的な記録文書と数字をもって明らかにした。

すでにメッサーシュミットとヴュルナーの共著は、ナチス軍司法に関する「基準的著書」となっていた。シュヴィンゲとヴュルナーとの因縁は、「老人同士の私闘」としてメディアによく知られていた。そのこともあって「アマチュア歴史家《ホビィ・ヒストリカー》」ヴュルナーの著書は話題の書となった。

だがなによりも、彼の著書はその濃密で客観的な事実を提示したことによって、シュヴィンゲを否定する決定打ともなった。たとえば著名な法律ジャーナリスト、ハンノ・キューネルトは、『ツァイト』紙（一九九一年九月二六日）に「一人の部外者が歴史家ツンフトを恥じ入らせた」と記し、さらに翌一九九二年の『批判的司法』（二五巻二号）でもあらためてこう書評している。「これまで嘘《うそ》で潤色されたドイツ軍司法の風景が、熱帯の嵐に遭ったように破壊された」、「（ヴュルナーは学者の文体と異なりシュヴィンゲの叙述を大嘘とか意図的な歴史の歪曲と遠慮なく叱責しているが——對馬）この本を読むと、ヴュルナーによって記述された内容が事実であり、シュヴィンゲの著書が犯罪そのもののもみ消しであることがわかる」。

戦時下だけでなく、戦後も一九五〇年代から八〇年代まで軍司法の裁判につよい影響を与えつづけてきたマールブルク大学元学長・刑法学者シュヴィンゲ博士の権威と声望は、ヴュルナーによって地に落ちたといってよい。軍司法の正当性を主張し論陣を張ってきたシュヴィンゲは以後司法界で否定され、一九九四年四月、九一歳で没した。

すでに一九八八年三月、キューネルトはここ三年来「保守的な司法界」に徐々に新たな波が生じていると伝えているが（『ツァイト』一九八八年三月二五日）、ヴュルナーの著書はこの新しい波に乗った。ナチス軍司法を否定する裁判所の判決に結びついたからである。彼自身、自著の二版「あとがき」で誇らしげに記している。「一九九一年九月一一日の連邦社会裁判所の〝センセーショナルな判決〟は自分の研究の成果に負っている」と。これについては後述しよう。

ちなみに、ヴュルナーは一九九六年八月、死の間際に妻ヘルミーネに遺言し、八四歳まで一五年間の軍司法の調査研究で収集した資料解説書を出版するように託した。それはヘルミーネ・ヴュルナー編『〝死ぬことだけが正しい償いとなる……〟――軍法会議の死刑判決・資料』（全三一七頁）の書名で、さきの書物の第二版と同年一九九七年に出版されている。

以上見たように、弟の死の真相を探ろうとして始まったヴュルナーの仕事は、歪曲され改竄《かいざん》されたナチス軍司法の実態を知るうえで不可欠の参考書となった。彼の果たした役割は大きい。それだけではない。彼はメッサーシュミットとともに「ナチス軍司法の犠牲者」の復権活動を最大限支援し、バウマンたちに親身に接した人物でもある。彼らに亡き弟ハインリヒの存在を重ねあわせたからだろう。

4 「ナチス軍司法犠牲者全国協会」の設立

バウマンとメッサーシュミットの出会い

バウマンは一九九〇年五月初旬、首都ボンの福音主義学生会館でメッサーシュミットとはじめて出会った。そこには大学生たちのほか、バウマンと同年輩の元脱走兵数人も居あわせていた。学生たちは口々にバウマンたちにこう言った。「あなた方は自分のために戦うべきだ」。

このように彼ら若者たちが主張するのも、断罪され「前科者」として正業に就けなかった元脱走兵の窮状、つまり年金が無支給で、補償申請もすべて拒否され、寡婦も扶養年金から排除され、ほとんどが社会扶助だけで生活していたこと、その一方でホロコーストに直接手を染めた親衛隊員から絶滅収容所の獄卒までがそれなりの恩給を受け、寡婦には扶養年金が支給されていたこと、こうした事情を緑の党の脱走兵復権のキャンペーンを通じて知っていたからだ。バウマン自身、生活の苦しさに耐えかねて、前年一九八九年一月にブレーメン市民相談課に、「反ナチ抵抗関係者には補助年金が支給されている」という事実を詳細な関係書類を整えて伝え、補助年金を申請したが、却下されていた。

しかも彼ら若者たちは、メッサーシュミット／ヴュルナーの著書から軍司法に関する事実を学んでいた。さらに当時話題のベストセラー、法学者インゴ・ミュラー著『恐るべき法律家たち――司法界の未解決の過去』（一九八七年刊行・ポケット判一九八九年）を読んで、ナチス司法、軍司法の犯罪に衝撃を受けていた。そのために彼らからすれば、軍法違反で有罪となった人々は「犯罪者」ではなく、ナチス軍司法の「犠牲者」にほかならなかった。

バウマンたちの話のやりとりをかたわらで聞いていたメッサーシュミットは、口を開いた。「私はあなた方を援助できるとは思う、しかしあなた方自身が自分のこととして取り組むのでなければ、援助したくともできないのだ」。こう言ってバウマンの顔をじっと見つめた。バウマンは、国防軍の犯罪に沈黙する歴史家たちからすれば、例外的な存在である軍事史家メッサーシュミットについて、すでに十分に聞き知っていた。逡巡《しゅんじゅん》する気持ちを捨て、決断した。「わかりました」。この日から以後二〇年以上に及ぶ二人三脚の活動が始まった。

ブレーメンに帰って数日後、バウマンはこれまで抱いていた思いを一文にまとめ、公衆の集まる場で幾度か呼びかけた。その全文を示す。

ナチス軍司法のすべての犠牲者、兵役拒否者、脱走兵、軍刑務所収監者、国防力破壊者、軍精神病院の犠牲者（＝ナチスの精神鑑定により前線送り不能者として軍強制収容所や軍医療施設で殺害された）、さらにこうした迫害を受けた人々の関係者に訴える。

ヒトラー体制と諸国民を殺害する犯罪的な戦争に仕えた者全員が、今もなお正しいとされ、一方で我々犠牲者には補償を受ける権利さえない。この状態にみずから耐え忍んでいようとは思わない。我々を断罪した民族法廷や特別法廷、これらすべてにまさって数多くの死刑を科し恐怖《テロル》の判決を下した軍法会議の裁判官たちは、ナチスの時代に続いて連邦共和国においても最高職にまで出世しているのだ。

こうした不当な事態が犠牲者最後の一人が死んでしまうことで未解決にならないように、我々はこの問題を自分らで引き受け、ナチス軍司法犠牲者の利益代表組織を結成することを決意した。よって、我々はすべての犠牲者あるいは遺族の方々に署名をお願いしたい。我々が最後にはともに補償が得られるように、犠牲者たち、たとえば脱走兵を助けたかどでひどい迫害に苦しんだ女性たちも、我々に相談されるよう、心からお願いしたい。

「ナチス軍司法犠牲者利益代表組織」の結成を呼びかける
第二次世界大戦の脱走兵　ルートヴィヒ・バウマン（ブレーメン）
（『自伝』）

バウマンの呼びかけに、即座に応じた人はいなかったようだ。軍法違反で断罪された人々とりわけ脱走兵の場合、当事者は「社会のはみ出し者」として息を潜め生きてきたし、しかも気力と体力の萎えた七〇歳前後の老人がほとんどであったからである。あまりに長く時間が過ぎていた。しかもいまだに彼らを罵倒し除け者にしようとする風潮があった。たとえば保守的風土で知られるバイエルン地方では、一九八〇年代まで脱走兵の前歴が露見すると本人は迫害を恐れ、身を隠したという。バウマン自身も、全国を巡回した小劇団の公演活動を通じて、とりわけ戦争世代の多くに、脱走兵に対する根強い反発や反感があることを体験していた。〝自分たちは命がけで戦ったのに、お前らは逃げた卑怯者だ〟と。

それだけに、処刑をまぬがれ生きのびたという脱走兵四〇〇〇人が、戦後四五年を経て何割程度生存しているかは知りようがなかった。いうところの四〇〇〇人も記録文書の紛失や不備もあって、文字どおり推定の数であったからだ。

そうした事情もあって、バウマンたちはエムスラント収容所の資料情報センターを頼った。センターは、同地のエスターヴェーゲン軍懲罰収容所などを包括した強制収容所の記念館として、脱走、国防力破壊のかどで収容された人々の住所をも記録保管していた。これを手がかりに参加を呼びかける手紙を送った。助言したのはヴュルナーであった。弟ハインリヒの死の手がかりを求めエムスラントを詳細に調査した縁で、一九八七年の共著出版の翌年には資料情報センター主催の講演会で講演するなど、センター情報について熟知していたからである。

一方、メッサーシュミットも研究者仲間にバウマン支援を求めた。

メッサーシュミットのもとで支援活動を引き受けたのは、ヴォルフラム・ヴェッテ（軍事史研究所所員、一九四〇～）、ベルリン・ドイツ抵抗記念館学術責任者ペーター・シュタインバッハ（一九四八～）、現代史家デトレフ・ガルベ（ノイエンガメ強制収容所記念館館長、一九五六～）、現代史家兼ジャーナリストのロルフ・ズルマン（一九四五～）等々。彼らがメッサーシュミットに協力する研究者グループの主要メンバーとなった。さらにカッセルの政治学者カムラーも加わっていく。

【付記・ドイツ抵抗記念館について。元々国防軍の「清潔・潔白神話」を象徴する、反ヒトラー抵抗運動を顕彰する記録展示・学習施設であったが、一九八三年西ベルリン市長であったリヒャルト・フォン・ヴァイツゼッカー（一九二〇～二〇一五、のちの連邦大統領）の委嘱を受けたパッサウ大学教授シュタインバッハのもとで、一九八九年に「事実にもとづく開かれた多様な反ナチ活動」の見地から再編拡充され、テーマ別二六領域の常設展示と記録収集をおこなう公的施設に一新された。栄誉庭と呼ばれる中庭では毎年七月二〇日に追悼式典がおこなわれている】

組織の活動に重要となる財政支援は、ハンブルクの大富豪で文学者ヤン・フィリップ・レームツマ（一九五二～）の「ハンブルク財団」がおこなうことになった。その支援は活動目的が達成されるまで続けられる約束だった。レームツマがナチス国防軍の東欧地域での犯罪にかねてより深い関心をもち、脱走兵の復権問題がそれに連動するテーマであったからだろう。実際、彼が設立し所長を務めた「ハンブルク社会研究所」主催による「国防軍犯罪展」（一九九五～九九年、正式には「絶滅戦争 国防軍の犯罪——一九四一～一九四四」移動展示会）は、後述することなるが、復権を支持する世論形成に大きな影響を与えている。
そこで問題の、ナチス軍司法犠牲者の組織についてである。

「ナチス軍司法犠牲者全国協会」に参集した人々

バウマンが呼びかけた組織の設立総会の開催日は一九九〇年一〇月二一日（日曜日）である。会場はブレーメン中央駅から南方二キロメートルあまりの「リディッツェ・ハウス」、一九八七年に市の青少年教育会館として創設された施設で、名称は一九四二年に特別行動部隊の大虐殺によって、地図からも抹消されたチェコスロヴァキアの小村リディッツェにちなむ。

一九日金曜日夕方、呼びかけに応じて参集した人々は男性三五人、女性一人である。懇親の席を用意しバウマンとともに出迎えたヴュルナーは、すでに組織づくりの資金を拠出していたが、彼ら参会者たちを心から労わり励ましたという。ほとんどがエスターヴェーゲン軍懲罰収容所の生き残りであった。邂逅《かいこう》の情景をバウマンはこう伝えている。

参会者の多くは障害をかかえ、病気であった。そのため妻や関係者が介助していた。我々の仲間たちは早々と死んでいた。長年の辱めを受けて生きる力を奪われ、身体がボロボロになっていた。誰一人公職には就かなかった。有罪者であったから、ほとんどが貧しい生活を送っており、社会とまっとうな結びつきをもっていなかった。多くは自分たちの人生については長い間、一度も家族にさえ語らなかった。少なからぬ人々は今もなお、それをできないでいる。ある者は泣くばかりであったし、ある者は自分について聞いてもらおうと、ただひたすら話しつづけた。

（『自伝』）

社会の「はみ出し者」として老いさらばえて生きているからこそ、「我々の遅すぎる尊厳のために闘うのだ」、このようにバウマンは語っている。翌二〇日に「規約」について議論し、二一日昼、彼らはブレーメン、フェーゲザックを所在地とする「社団法人ナチス軍司法犠牲者全国協会」（以下「全国協会」）を立ち上げた。事務局を担当し組織の活動を支えたのは、市民運動家ギュンター・クネーベル（その後「兵役拒否者福音主義援助協会」ブレーメン事務局長を兼務、一九四九〜）、事務を担当する三人の女性パートの人件費はレームツマが提供した。このときまで、参加を呼びかけたほかの七五人からの返事はなかった（その大半は本人ではなく家族宛のものであったという）。

バウマンのもとに参加したメンバー三六人のうちただ一人の女性とは、再三言及してきたルイーゼ・レールス、このとき七七歳、ブレーメンに住んでいた。彼女は二〇〇〇年八七歳で亡くなるまで副会長としてバウマンを補佐しつづけることになる。彼女を含めメンバー一四人の来歴は一九九二年に「全国協会」が刊行した「面接記録」から知ることができるが、残る二二人については不明である。一四人の出身はパーダーボルン、ニュルンベルク、ツェレ、ベルリン、ケルン、ドルトムント、ハイナウ、さらにオーストリアなど各地に及び、生年は一九一三～二三年、断罪の理由は国防力破壊三人、その他一一人は脱走（このうち民間人殺害拒否による脱走三、無許可離隊による脱走四）となっている。彼らは共通してナチズムを全面的に否定し、みずからの行動を恥じてはいなかった（G・ザートホフほか編、前掲書）。

ルイーゼ・レールスとともにシュテファン・ハンペルもメンバーに加わった。ただし彼は、罵倒や脅迫を受けないように用心してか、公には偽名シュテファン・ハルダーを名乗っている。彼もユダヤ人大虐殺を目撃し脱走者となってパルチザンに与したという来歴が、一九八七年にドイツ抵抗記念館の研究員ノルベルト・ハーゼ（一九六〇～）によって紹介されている（前掲『ドイツの脱走兵』）。バウマンと同じくハンペルも一九九〇年以降ナチス軍司法に関する各種の催しに参加するなど積極的に行動した。一九九八年復権を待たずに死亡。享年七九。

ともあれこうして、創立メンバー三七人の「全国協会」が誕生する。それは第二次世界大戦の脱走兵、兵役拒否者および国防力破壊者の「全国協会」である。わずか三七人をもって敢えて「ドイツ連邦共和国の超党派的な団体」とし「全国協会」と命名したのはなぜだろう。バウマンの〝呼びかけ〟にあるように、「不当な事態が犠牲者最後の一人が死んでしまうことで未解決にならないように」しようという強烈な思いがあったからだ。バウマンによると一九九四年段階でのドイツ人生存者は四〇〇人、翌一九九五年には三〇〇人と推計されている。創立会員の物故者も年々増していく。ちなみに二〇〇二年三月一日の会員総数は五六人だが、創立時の会員は六人にまで減っている。彼らからすれば、復権は事実上時間との戦いとなっていたのである。

復権活動と研究活動の連携

ここで一九九〇年一〇月二一日、バウマンたちがブレーメン区裁判所に社団法人の認可を申請して提出した「全国協会」の規約（定款）について見てみよう。

まず「全国協会」は「軍司法犠牲者の社会的な復権と物的な補償」「文化全領域での寛容の促進」「平和と諸国民の協調」をめざす「公益団体」であった。「犠牲者の復権」が「寛容」と「平和」の理念に結びつけられたのは、ナチス人種国家とヒトラーの絶滅戦争を否定した参集者たちの基本姿勢からすれば当然のことだろう。

なによりも主宰者バウマンにとって、反戦平和を希求し処刑された友ルカシッツの遺志が原点にあり、その延長上に同郷の友クルトたち軍司法の犠牲者の復権も展望されていた。つまり平和運動と復権の活動は一体化していた。後年バウマンと「全国協会」が「アーヘン平和賞」（「民衆レベルで軍国主義、人種主義、ファシズムに反対する人々」を対象に一九八八年創設）を授与され、さらにバウマンが「ノーベル平和賞」候補者に推されたのも、そのためである。

次いで規約では目標実現のために、「軍司法の犠牲者、ナチスの特別法廷の犠牲者に対する社会保障」「他団体との共同の催し」「世代間の交流」「国際的な協力活動」「広報活動」「民主主義的な教育活動」「学術研究と資料整備（とくにオーラル・ヒストリーの分野）」が挙げられている。

注目してほしいのは、とくに「学術研究と資料整備」についてである。すでに述べたように、「嘘で潤色されたドイツ軍司法」の実態はようやくメッサーシュミット、ヴュルナーによって暴かれはじめた。だがナチス軍法会議の判決を破棄し、断罪された人々が公的にナチスの犠牲者として認められるには、まだ司法の判断と連邦議会による立法化を経る必要があった。そうするには裏づけとなる事実が解明され、蓄積され、知識として共有され、世論に支持されねばならない。目標にいたる道のりは遠い。

メッサーシュミットが「私はあなた方を援助できるとは思う」と言ってバウマンに決断を迫ったのは、「犠牲者の復権」を自分の歴史的研究によって補強し、相携えてすすめようと考えたからである。バウマンもそれを願っていた。実際、連携なくして復権の展望は描けなかった。規約のなかに会員たちからなる「役員会」や「総会」のほか、「顧問会」という学術顧問のゆるい組織がつくられたのも、そのためである。

活動に共鳴して支援する若い研究者、それも歴史学者だけでなく政治学者や法学者など他分野からの研究者も増えた。顧問会会長メッサーシュミットを戦後第一世代とすれば、第二、第三世代の人々である。彼らは自分の知的作業が狭い世界のうちにとどまるのではなく、ナチス支配の過去に押し潰され疎外されつづける人々を救う現実の課題と結びつくことに、大きな意味を見出したのだろう。だから自分になしうるかぎりでの実践的な活動を、率先しておこなった。

こうして「全国協会」は一般の利益団体と異なって、研究支援にもとづく独自の活動をおこなっていく。たとえば軍司法による民間犠牲者や強制労働の生存者への補償を掲げるケルンの「ナチス被迫害者全国連絡協議会」（一九九二年設立、以下「全国連絡協議会」）と連携し情報交換をすすめたこと。「ハインリヒ・ベル財団」や「フリードリヒ・エーベルト財団」の支援を得て、記録文書や研究書を出版したこと、大学の現代史研究者たちとの研究プロジェクトや講演会の開催に努めたこと、顧問会メンバーが積極的にメディアに発信しつづけたこと。さらに全国規模での移動資料展示会（その代表として「ヨーロッパ・ホロコースト記念碑財団」と共同開催した移動展示会「〝当時適法であったものが……〟——国防軍軍法会議に裁かれる兵士と市民」）を通じて啓蒙《けいもう》活動を続けたこと。こうして「全国協会」の存在は数多くの新聞、ラジオやテレビによって伝えられ、ナチス軍司法と犠牲者の実態もひろく知られるようになった。またそうした活動を積み重ねながら、バウマンたちは関係省庁、諸政党や連邦議会、キリスト教会にも働きかけた。これについては後述しよう。

バウマンの語ったところによると、右のような活動には、メッサーシュミットをはじめヴェッテやシュタインバッハなど顧問会の主なメンバーが随時同行し説明にあたったという。彼らはいわば〝行動する学者〟であった(抵抗運動研究を先導したシュタインバッハはかつてヒトラー爆殺未遂犯ゲオルク・エルザーの復権のために、彼の郷里ケーニヒスブロンに滞在し地域の住民に行動の真実を根気強く説明しつづけた人物でもある)。

東西対立が終わって融和がすすむドイツ社会は大きく変わっていた。それでも復権の活動は、連邦議会で二〇〇二年の「改正ナチス不当判決破棄法」を経て最終的にナチスの判決すべてが破棄される二〇〇九年まで一九年間も続く。強靭な意志に支えられた息の長い活動だというほかはない。

5 司法の転換と世論の支持

研究成果を受容した連邦社会裁判所判決

バウマンたちが立ち上がった翌年の一九九一年九月一一日、彼らに朗報が入った。カッセルの連邦社会裁判所(社会保障等関係の訴訟に関する最終審)から、遺族補償を求める脱走兵の寡婦の訴えを正当とする判決がはじめて出されたのである。

軍法会議の犠牲者とその遺族が公的な補償措置からも完全に排除されてきたことは、再三指摘した。一九八九年一月にバウマンがブレーメン市当局に出した申請が却下された理由はこうだ。(1)軍法会議の死刑判決はナチス国家以外の法治国家でも存在した普通のことである、

（2）懲罰部隊送りの兵士は立法により補償から除外されている、（3）死刑囚の独房生活一〇カ月間は不当なものとはいえない、などとすげない拒絶となっている。

このような門前払いの措置が、連邦社会裁判所によってようやく否定された。事の起こりはこうである。

終戦間近の一九四五年三月一〇日、デンマーク駐屯部隊に一九四二年から配属されている国防軍兵士W・Lは、ブレスラウ（現ポーランド共和国のヴロッワフ）の要塞で銃殺された。任務地の二月二五日の報告書には、彼は帰省休暇の期限を過ぎても帰隊しないため「逃亡中」と注記されていた。なぜ兵士W・Lが二五日以降になって、しかも当時ソ連軍に包囲されていたブレスラウの城塞の自軍にたどり着いたのか、さらに処刑されるために帰隊するはずがないにもかかわらず、なぜ帰隊し同地で銃殺されたのか、その裁判記録も不明のままであった。

戦後W・Lの妻は、右の事案に対して連邦補償法（一九八二年一月の修正法）を根拠にして、一九八四年はじめに地区当局に遺族補償を申請したが、却下された。そこで彼女はバーデン＝ヴュルテンベルク州の戦時犠牲者援護庁を相手取って、遺族年金を求める訴えを社会裁判所に起こした。一審は、無許可離隊の事実が明らかにされないままW・Lは軍法会議で有罪となり処刑されたと考えられ、原告女性の利益となるように決定されるべきであるとした（一九八七年七月二日の判決）。これを不服として援護庁はシュトゥットガルト上級社会裁判所に控訴した。

第二審は、W・Lの処罰は脱走のかどによるものと推定され、その処罰が極端であったか否かは不明であり、軍法会議の処断も法治国家に反するとは思えないとし、一審の判決を破棄した（一九八八年一〇月二一日の判決）。こうして、原告女性は最終審のカッセル連邦社会裁判所に上告した。

この事案について一九九一年九月一一日、連邦社会裁判所第九部、裁判長トラウゴット・ヴルフホルスト（一九二七～二〇一五）のもとで判決が下された。結論として原告女性の求めは正当とされ、第一審の判決は回復した。これまでこの類の訴えにはまったく見込みがなかったのだが、六年間の係争の末にはじめて原告女性の訴えが認められたのである。論点をしぼって判決理由を記すとこうなる。

まず、原告女性には寡婦年金が認められるべきである。女性の夫は軍役の遂行を「不法状態で侵害」された結果、死亡したと判断されるからである。つまり説明しがたい理由で不当に処刑されたとみなされねばならない。

そもそも国防軍司法の法解釈と実際を見てみると、ごく限られた部分しか、法治国家のドイツでは正当化できない。こうした事態はナチス軍司法の研究によって明確にされる必要があった。幸いにして今日、この領域の学術研究によって信頼に足る知識が蓄積されつつある。カムラーの著書（一九八五年）やメッサーシュミット／ヴュルナーの著書（一九八七年）およびヴュルナーの著書（一九九一年）に記す個別具体的な検証結果が、その例証と見るべきである。

とくに極端な死刑判決の理由とその膨大な処刑数、その実態に関する事実内容を逐一検討すると、判決を下すナチス軍司法は「テロル」と「犯罪」の国家すなわち「不法国家」たる第三帝国の恐怖のシステムであり、軍法会議の裁判官は「自立」した立場になく、裁判権者の指示に従う存在であった。脱走兵に対する死刑判決は全体的に見ると「明らかに不当」と評価され、国防軍の裁判官は「ナチスのテロルの幇助者」「国際法違反の戦争の共犯者」であると判断される。

こうして判決はつぎのように断定した。「どんな抵抗も、たとえ単純な不服従とか離隊の行為さえも、死刑に処された事実から見て、そのように処断された行為は〝不法体制に対する抵抗〟の見地から再考さるべきであって、連邦補償法から排除されてはならない」

（「一九九一年九月一一日の連邦社会裁判所判決」W・ヴェッテ編『国防軍の脱走兵――記録集』一九九五年所収）

ヴュルナーが右の判決を称して、「自分の研究の成果に負っている」と誇らしげに記したのも、判決がこれまでのようにシュヴィンゲの鑑定意見に依拠せず、事実をもって裏づけようと積極的にヴュルナーらの研究成果を受容したからである。これに関連した専門家の評価がある。法律家兼司法評論家オットー・グリッチュネーダー（一九一四～二〇〇五）の評価である。彼はナチス期に反国家的であるとして司法界から排除され、五年間国防軍兵士として前線送りを体験した人物で、自分でも『恐るべき裁判官たち――ドイツ軍法会議の犯罪的な死刑判決』（一九九八年）を著しナチス軍法会議の実態を指摘している。その彼は、連邦社会裁判所の判決を「不当な判決」だといまだに主張するシュヴィンゲに反論し、「門外漢の研究成果がはじめて裁判を納得させた」と判決を高く評価している（『新法律週報』一九九三―六）。

右の判決を主導した裁判長トラウゴット・ヴルフホルスト博士の、自筆の履歴文がある。それによると、彼は南ルール地方の田舎の牧師の子、父はかの反ナチ的な告白教会の支持者、トラウゴット少年もナチス独裁制を内心では拒否しヒトラーを嫌悪していた。一九四四年七月、一六歳で少年兵として国防軍に徴兵されたが、脱走することは考えなかったという。軍法会議の苛酷な処断に対する恐怖心もあったが、脱走が当時の支配的な社会規範だけではなく、キリスト教両宗派の規範にも反していたという思いが行動の抑えになったという。そうして応召した彼は一二月、特別攻撃班の兵士になり、負傷したため命拾いした。この少年期と少年兵としての体験が、同世代の裁判官と異なるつよい反ナチズムの信念を形成した、と語っている（T・ヴルフホルスト「少年兵から戦争犠牲者補償の裁判官へ」U・ヘルマン／R＝D・ミュラー編『第二次世界大戦下の少年兵』二〇一〇年所収）。

バウマンが復権活動の「一里塚」と呼んだ判決には、こうした履歴をもつ裁判長ヴルフホルストの存在があった。さらにヴルフホルスト自身述懐するように、男女二人の陪席判事が連邦社会裁判所にポストを得た「若い気鋭の法律家世代」であったことも、考慮すべきだろう。彼らこそ司法界の新しい波を体現していたからである。

補足しておきたい。右の連邦社会裁判所の判決は、執行力をもたない「原則判決」であって、さらに判決の告知直前に原告女性が死亡したために、反響の大きさにもかかわらず、補償措置はとられてはいない。

だが司法界の転換は右の判決にとどまらなかった。その後一九九五年には、軍司法の評価を大きく変える連邦最高裁判所の判決が出された。

連邦最高裁判所の批判

一九九五年一一月一六日、連邦最高裁判所（連邦通常裁判所ともいう）から出された判決は大きな反響を呼んだ。ナチスの司法と軍司法官が徹底的に批判され、その責任までも糺《ただ》されたからだ。

きっかけは旧東ドイツの裁判官が一九九四年ベルリンで告発されたことである。この裁判官は一九二〇年生まれ、反ナチ闘争で活躍し、終戦後一九四八年に人民裁判員になってからトントン拍子に出世、一九六五年には最高裁判所民事担当の副長官、一九七三年には法学の教授職を得て一九八〇年には退職、高額の年金受給者となった。この間一九五四年から五六年にかけて、最高裁の陪席判事として二件の死刑判決と一件の無期懲役の判決に賛成した。いずれもスパイ罪のかどである。だが再統一後の一九九四年にこのことが問題となりベルリン地裁は六月一七日、故意の法の歪曲、重大な人権侵害のかどで彼に有罪判決を下した。彼はこれを不服とし、直接最終審に上告して以前の裁判例を盾に無罪を主張し、さらに西ドイツの旧ナチ党員裁判官と同様に年金生活が認められるように求めた。

重要なことは、右の旧東独裁判官に対する連邦最高裁第五部の判決である。一審の判決どおりに彼は有罪となったが、ここでの問題はそのことではない。ことさらにナチス司法犯罪になぞらえて、東独時代の彼の人権侵害がきびしく非難されたことである。当然、元裁判官に対する有罪判決よりもこのナチス司法批判が注目を集めた。西ドイツ連邦裁はこれまでナチスの司法と軍司法について批判的立場を示したことはなかったからである。検事長フリッツ・バウアーがナチ犯罪の追及者として孤軍奮闘したのも、このためであった。そうした長年の消極的な最高裁の姿勢が一変したのだ。

ナチス司法批判のあらましはこうである。

ナチス司法は「不当な司法」であった。ナチス暴力体制下で裁判官たちは幾多の不法な判決を下した。戦時期には幾千の死刑判決が法を歪曲して下されたにもかかわらず、そのような刑の宣告はまったくの例外であった、と強弁されてきた。ナチスの暴力支配は「法秩序の倒錯」にほかならず、その裁判は法外な死刑判決数から見て、「血の司法」というほかない。民族法廷で死刑となった人々は今もって償われず、一方でそれにかかわった職業裁判官や検事は一人たりとも、恣意的な法の歪曲のかどで罰せられてはいない。特別法廷や軍法会議にしてもまた然《しか》りである。彼らの多くは一九四五年以降本来ならばきびしくその責任を問われるべきであった。遺憾ながらこうした事態に対して、とりわけ連邦最高裁判所はきわめて重要なかたちで関与したのである（「一九九五年一一月一六日の最高裁判決」BGH 5 StR 747/94）。

このように総括することで、戦後においても昇進した法律家たち、キリスト教民主同盟の大統領候補とまで目されたフィルビンガーをはじめ、国家軍法会議や三軍の軍法会議の司法官たちが栄達した事実が指弾されたことは明らかだろう。

世に知られるフォン・ヴァイツゼッカー大統領の終戦記念演説（邦訳『荒れ野の四〇年』）が、「終戦の五月八日」を「ナチズムの暴力支配という人間蔑視の体制からのドイツ人の解放の日」であると説いたのは一九八五年のこと、一〇年後の戦後五〇年にしてようやく、ドイツ連邦最高裁判所はナチス司法と国防軍司法の虚飾に満ちた姿についても修正した。

補足すると、すでに判決に先立つ一九九三年四月からドイツ抵抗記念館では、シュタインバッハ館長のもと「顧問会」のメンバー、ノルベルト・ハーゼが中心になって、特別展「国家軍法会議とナチス支配への抵抗」が開催され、国家軍法会議の実際、兵役拒否者や「ローテ・カペレ」の人々の断罪記録のほか、「政治的に敵対する脱走兵」の事例も展示された。シュテファン・ハンペルはその代表者として挙げられた。不法なナチス国家を見限って敵対した脱走兵を、裏切り者扱いすべきではないとする確たるメッセージが、この抵抗記念館から発信されていたのである。この特別展の記録はノルベルト・ハーゼによってまとめられ、同年『国家軍法会議とナチス支配への抵抗』の書名で刊行されている。

こうしてみると、連邦最高裁の姿勢の転換にもただ単に世代交代があっただけではなく、蓄積されたナチス司法・軍司法の実態研究が無視できなくなっていたこと、それらが相まって保守的な最高裁の重い腰を上げさせることになったのだと思える。一九九五年の判決が「連邦最高裁判所の遅すぎた懺悔《ざんげ》」（オットー・グリッチュネーダー）といわれるのも、そのためなのだろう。

最高裁判決のもたらした影響は大きかった。司法において連邦社会裁判所と連邦最高裁判所二つの最終審が相次いで明快にナチス司法と軍司法の判決を不当だと指摘したのだから。こうなると、立法機関たるドイツ連邦議会に対しても最高裁判決は大きな衝撃となった。バウマンもこれについて「我々、脱走兵は新たな希望を得た」と語っている。

味方する有力メディアと世論

バウマンたちが「全国協会」を立ち上げた一九九〇年、世論の九〇パーセントはその活動に否定的だったという。だが五年後の一九九五年になると大きく変わり、否定的なのは一五パーセントだけ、三六パーセントがヒトラーの軍隊からの脱走を抵抗の行動と見るようになり、一〇パーセントは脱走兵を英雄ととらえるようになったという(後述)。

これについてバウマン自身は「私は決して英雄ではない、だが臆病者ではない」と、醒めたスタンスで語っている。

とはいえ、彼はナチス期脱走兵の問題を知ってもらうためにメディアの取材に積極的に応じつづけた。バウマンの名は「ヒトラーの脱走兵」の代名詞となり、その行動も日々注目されるようになった。復権活動に多忙であったが、ブレーメン中央駅ではこれまでのように新兵の青年たちに良心的兵役拒否の意味を説き、平和運動でも熱心に行動していた。日刊紙『ヴェーザー＝クリール』はすでに二度彼のブレーメン中央駅での行動について報道していたが、一九九三年一〇月二〇日イギリスBBC放送による取材にあわせ、「かつて望ましからざる人物はいまやスター」の見出しで彼の活動を好意的に伝えている。

メディアを通じて脱走兵問題は国内外の関心を集め、復権を支持する声も高まっていた。たとえば、一九九四年一一月二七日の『ワシントン・ポスト』紙は「苦しみに耐える――ヒトラー国防軍の脱走兵をどう処遇するのか？」の大見出しで、二面にわたり「ルートヴィヒ・バウマン（七二歳にしていまだ無年金）」の苛酷な履歴を詳述したあと、一九九一年の連邦社会裁判所の判決を挙げて、それまでの連邦政府の対応を記し、今後の対応を問うている。さらに『インターナショナル・ヘラルド・トリビューン』紙（一九九四年、月日不明）も、『ワシントン・ポスト』紙の配信としてバウマンの存在を例に、脱走兵が旧東独のシュタージ（秘密警察）の協力者の扱いとは異なり恩赦の対象とはならず、「除け者」にされつづけていることを取り上げる。

極めつきは件の連邦最高裁判決前、一九九五年二月一〇日の『ツァイト』紙の記事である。「国防軍の脱走兵には正義が与えられねばならない——汚点は消すことだ」の見出しで、きびしく連邦政府の無為無策が問われている。とりわけテロルの組織であった軍法会議の判決が放置され、親衛隊の高級幹部やナチ党幹部、彼らの寡婦の厚遇と対照的に、烙印を押された兵士が無年金のままとなっている現状についてである。最後に国防軍脱走兵の復権について主張する。今日彼らの復権は連邦軍になんら汚点とならない。仮に基本法（二六条）の禁じる侵略戦争を今のドイツがおこなおうとしたら、兵役義務を課せられた国民が即座に脱走の行動に出ても不思議ではないのだ、と（以上の新聞記事は『活動記録』による）。

このようにバウマンたちの行動に対する世論の支持は大きくなった。

だがその一方で彼に対する反発も高まった。再三にわたって直接バウマンを誹り攻撃する文書が送りつけられるようになった。最初は一九九〇年一二月、差出人不明の（おそらく元兵士からの）手紙だが、こう書かれている。

あんたは脱走兵として公の場に出て恥ずかしくないのか？ あんたのような人間は前線では戦友を見捨てた大きな豚という。俺だったら、もう家からは出ないよ。あんたには元々名誉などはないし、自分の臆病を宣伝しているようなものだ。厚かましくも自分の卑怯な振る舞いに対して補償金を要求するといった無遠慮さもある。補償金とは自分の生命や健康を捧げた兵士が得るものだよ。あんたにはお門違いだよ。あまり公衆の前に姿を見せないように忠告しておくからな。

追伸 あんたが拘禁されていたときには、雨に祟《たた》られず寝起きしていたのだ。だがなあ、俺たちは雪と氷のなかで死を前にして戦っていたんだぞ。

（『自伝』）

こうした誹謗罵倒する匿名の手紙とともに、A・G元国防軍中佐のように、実名と住所を記してバウマンを攻撃した手紙もある。それは一九九四年三月に差し出したものだが、大要は以下のとおり。

バウマン殿

『ドイツ・プレス』を読んで知ったのだが、貴様は脱走兵とか国防力破壊者の代表として国民哀悼の日（戦没者・ナチズム犠牲者の追悼記念日――對馬）に出席したという。こんなにひどくなったドイツでは、やろうとしてできないことはないからな。しかし貴様のような「民族に有害な人間」は、ベルリンの国家軍法会議でさっさと処断されてしかるべきだったのだ。今からだと、青酸カリを飲んですぐ死んだらいい、と言うほかないがね。

国旗に忠誠を誓う、ドイツ万歳！

（『活動記録』）

右の中傷の手紙にいう、国民哀悼の日の件についてここで少し説明しておく。一九九三年一一月、バウマンはこの記念日に「全国協会」の代表者としてマンハイム市から招待された。市の墓地で挙行された式典で、同席した連邦軍兵士たちは、バウマンが脱走兵の苦しみや軍法会議の不当性、自分の使命について語ろうとすると同時に、一斉に退席した。責任者の連邦軍中佐はその理由を「死んだ脱走兵の追悼は国防軍兵士すべての名誉を傷つけるからである」と答えている。つまり連邦軍は依然としてナチス期脱走兵を排除する立場にあった。

それにも増して、「全国協会」に最後まで敵対したのは前述の「ドイツ軍人連盟」である。

イルムガルト・ジナーの参加

一九九五年多忙のなか、バウマンはブレーメン、フェーゲザックの事務所で一通の手紙を受け取った。差出人はリューベック在住のイルムガルト・ジナー（一九二八～）という女性である。彼女はこれまでにも言及した、国家軍法会議のヴェルナー・リュベン中将の長女であった。

彼女は一六歳で父の死を知ったが、戦後まもなく亡父は復権し「司法の殉教者」と称えられるのを、そのまま信じて生きてきた。高額の寡婦年金を受けて生活する母のもとで成長し、彼女も良家に嫁いだ。ナチス軍法会議の高官という父の仕事からつとめて目を背けてきたが、やがてその職務の実態を知り、さらに断罪された人々の苛酷な境遇も聞き知るようになった。うちひしがれた彼らに寄り添って救援したい、そう思った。新聞でバウマンたちの復権活動が報道され、思い悩んだ末に彼に面会を申し出たのである。

バウマンはイルムガルトを温かく迎え入れた。バウマンの畏友ルカシッツを処断したリュベン裁判官の娘であることを知ってのことである。バウマンが願ったのは「和解すること」であった。「全国協会」の総会で彼女の入会には一人の反対者もなかった。イルムガルト六七歳のときである。

会長バウマンと連絡を取りあいながら、一九九六年イルムガルトは時の連邦共和国大統領ロマン・ヘルツォーク（一九三四～二〇一七）宛に、彼女なりのつてをもってナチス時代の脱走兵の復権の請願書を書いている。この目標は二〇〇二年七月に達成されるが、さらに「全国協会」の最終目標となった戦時反逆者の復権――その象徴がルカシッツ――のためにも、バウマンと協働していく。「ルートヴィヒ・バウマンとの出会いが私自身の過去を清算する力になっています」、イルムガルト・ジナー七四歳の弁である。彼女には「仕事については語らない優しい父親」の思い出があった。だが彼女はその思い出に浸ることなく、自分の生きる課題を父の行為の贖罪《しょくざい》に求めた。イルムガルトはバウマンの活動を支えつづけた真摯な会員の一人であった（『ブレーメン新報』二〇〇二年一一月二五日、『活動記録』所収）。

以上、絶望から立ち直ったバウマンを軸にして、研究支援を受けるという特異なかたちで展開した復権活動がドイツ司法の守旧的な姿勢を大きく変える事態を述べてきた。この新たな事態はさらに連邦議会の議題に取り上げられ、立法化されて、はじめて実を結ぶことになる。この場合にもやはり「顧問会」の研究支援は不可欠となった。次章ではこれについて見ることにしよう。

Ⅳ　復権する脱走兵

1　政治課題となった脱走兵の復権

始まった議会の議論

ナチス期の脱走兵について地方レベル、国政レベルで最初に取り上げたのは緑の党である。自然保護、平和主義、反ナチズム、反軍拡を謳うこの若い政党にとって、軍司法の犠牲者の存在は無視できない人道上の問題であったからだ。同党は一九八〇年代からバウマン個人と平和運動を通じて親しい関係にあったが、一九九〇年代には「全国協会」を積極的に支援する連邦議会での代弁者ともなった。

キリスト教民主同盟（CDU）のライバル、野党社会民主党（SPD）もナチス軍司法の見直しには賛同し、緑の党と共同歩調をとっている。それを唱道した副党首ヘルタ・ドイブラー

＝グメリン（一九四三〜）はかねてメッサーシュミットたちの研究に注目していた法律家だが、九〇年五月党の会合で、脱走兵や兵役拒否者が不当に迫害され遺族も苦境にあり、この問題について調査研究することがフォン・ヴァイツゼッカー大統領の「終戦四〇周年演説」の精神にも沿う、と説いていた（W・ヴェッテ編『国防軍の脱走兵』）。

バウマンたちも一九九一年一一月から首都ボン（ベルリン移転は決議の段階）の福音主義学生会館に寄宿し、数週間にわたって内務省、司法省、国防省をはじめ、緑の党から入手した面談できる連邦議員七〇人の名簿を手に、陳情にあたっている。コール首相は面会を拒否したが、面談したキリスト教民主同盟幹部の党議員団副団長ノルベルト・ブリュム、連邦議会議長リタ・ジュスムート（一九三七〜）、与党の統一会派「同盟」副会長ハイナー・ガイスラーの三人は、バウマンたちに友好的で偏見もなかったという。だが復権の事案にかかわる司法、内務、国防の各委員会を訪ねて説明したところ、関係省庁と同様に「同盟」の委員たちに断られた。理由は決まってこうだ。「脱走兵の名誉を回復すると、今度は国防軍の兵士が悪者になり、ひいては連邦軍のモラルが蝕《むしば》まれることになってしまう」（『自伝』）。

なかでも敵意を剝き出しに「君ら脱走兵は卑怯者だ」と面罵した委員がいる。父が法律家、自身も弁護士、強硬な右派の司法部会長ノルベルト・ガイス（一九三九〜）である。彼はキリスト教社会同盟（CSU）選出のカトリック系議員だが、「同盟」の司法担当スポークスマンを兼務し、復権活動をあくまで阻止しようとバウマンたちの前に立ちはだかった人物である。

　しかも一九九〇年末のドイツ再統一直後の総選挙でコール政権与党は大勝し、連邦議会全六六二議席（超過議席あり）のうち「同盟」が三一九、連立を組む自由民主党（ＦＤＰ）が七九を得て、三九八議席の圧倒的多数であった。対する野党は社民党が二三九、緑の党は四二から一気に八に激減した――西側では全議席を失い、東側だけの八議席であり、一九九三年以降に同党は「同盟九〇」（旧東ドイツの市民政党）と統合し正式名「同盟九〇／緑の党」となる、以下緑の党と略記――。これに新党の民主社会党（ＰＤＳ・旧東ドイツのＳＥＤの流れを汲む政党）一七を加えても二六四議席である。緑の党は、第一二議会期（一九九〇～九四年）の四年間は動議を提出できる院内会派（議員総数の五パーセント以上）を結成できず、ほぼ発言力を失っていた。

　前述の連邦議員の名簿を手にしたバウマンたちの陳情には、こうした事情がある。要するに議会への働きかけは、決定的に不利な状況のなかで始まった。当然ながら失望の連続であった。そうした困難を乗り越えて、復権を達成し最終目標に到達するまで、じつに一八年間に及ぶ。その紆余曲折はここでは省き、節目となる局面に焦点づけて述べることにしよう。また本書の叙述は上院（＝各州の首相と閣僚たちから構成される連邦参議院）ではなく下院にあたる連邦議会（任期四年、直接公選議員からなる）に限定する。

連邦議会司法委員会「同盟」司法部会長ノルベルト・ガイス（連邦議会司法委員会名簿一覧ウェブアーカイブより）

ガイス議員と強硬な右派

　ここであらかじめ指摘しておきたいことがある。それはナチス軍司法を議題にすることが、「同盟」で影響力のあるガイスたち右派議員グループから忌避されつづけたことだ。彼らは、ナチス軍司法の活動が合法的で正当であったとする旧来の主張に固執していた。この主張はすでに緑の党の質問（一九八六年）に対する政府の公式見解でもあったが、なにより彼らには軍法会議の議論を蒸し返してほしくない、すでに老齢で少数の当事者たちがいなくなればそれで済むこと、ナチズム否定もいい加減にしろという底意があった。

　そのために一九九〇年代前半まで緑の党や社民党による復権と補償の議案は、十分審議されずに否決され、メッサーシュミットらの研究成果は無視された。その最たるものに、相も変わらずエーリヒ・シュヴィンゲ編『ナチス時代のドイツ軍司法』の記述を論拠にして、緑の党提出の議案（第一二議会期末一九九〇年八月）が否決された例がある。さらには社民党の議案（一九九三／九四年）が根拠とした連邦社会裁判所判決（一九九一年九月）さえも、その判決をむげにできない政府の立場とは対照的に、彼ら右派議員たちから「軍法会議の判決を破棄すれば勇敢に戦った兵士が一括して不法であったことになる」と、拒否される始末であった（『活動記録』およびW・ヴェッテ『栄誉——誰のものか』二〇一五年）。

ハンス＝ヨッヘン・フォーゲルの警鐘

　右のような連邦議会の実態に警鐘を鳴らした人物がいる。社民党シュミット内閣の司法相を経てヴィリー・ブラントの後継党首を一九八七年から一九九一年まで務め一九九四年八月引退したハンス＝ヨッヘン・フォーゲル（一九二六〜二〇二〇）である。党派を超えて声望の高い政治家だが、反ナチ独裁・反共産主義独裁を謳う社団法人〈忘却に反対し民主主義を守る会《ゲーゲン・フェアゲッセン・フュア・デモクラティー》〉の創設者でもある。一九九三年この協会は、告白教会に与した神学者エバーハルト・ベートゲ（一九〇九〜二〇〇〇）のような高名な学者や、キリスト教民主同盟の連邦議会議長リタ・ジュスムートほか超党派の政治家、ジャーナリスト、実業家など多士済々の四〇〇〇人の賛同者で発足した。

社民党元党首ハンス＝ヨッヘン・フォーゲル（W. Wette: *Ehre, wem Ehre gebührt!*, 2014）

　フォーゲルは政界引退を目前にした一九九四年四月、ベートゲ、神学者リヒャルト・シュレーダー、ベルリン州議会議長ハンナ・ラウリェン（キリスト教民主同盟）ら四人と講演集『忘却に反対し民主主義を守る』を刊行した。これには付録文書としてフォーゲル自身の論説「第二次世界大戦下軍法会議の無意味な死刑判決」のほか極右や過激派に反対する社民党、キリスト教民主同盟の党決議文（一九九三年）も添付されている。同書は各界、連邦議会の議員、それも司法委員会委員に配付された。フォーゲルの論説は軍司法をめぐる審議の現状を憂いて執筆されたものだが、大意はこうである。

近年、ドイツ軍司法の批判的研究によって、法治国家の司法という軍司法官の描いた像は崩壊した。ドイツ抵抗記念館には、《七月二〇日事件》など反ナチ運動を鎮圧した国家軍法会議の実態が記録として展示されている。軍司法はナチス支配に距離を置こうとしたのではなく、一般司法と同じくナチスの目的に奉仕したことが明らかにされている。軍司法にとって最大の目的は兵士の犯罪をどのように判定するかではなく、彼ら兵士に恐怖心を広め浸透させることにあった。そのため射殺以外の刑の執行も、軍懲罰収容所や懲罰部隊において残虐をきわめた。近年の研究によると、軍法会議の死刑判決の数はこれまでいわれた一万六〇〇〇（その出典は不明——對馬）をはるかに超えていた。その苛酷さはわが国の法の歴史に類を見ない。

にもかかわらず、軍法会議の判決は最近まで正当だと疑われずにきた。ナチスの不法を除去する連合国管理理事会法やその後の各州の法律が、軍法会議の判決を無効にすることを断念したためでもあった。これによる最大の被害者は脱走兵である。その生存者たちは今もなお苦しんでいる。

ごく最近になって司法にも進展が見られるようになった。連邦社会裁判所の一九九一年九月の判決がその例だが、熟慮を重ねた末に「軍法会議はナチス・テロ体制の協力者であった」と結論づけている。もって熟読すべきである。

我々の連邦議会にもナチスドイツの司法とその犠牲者を想起しようとする動きが広がっている。それは歓迎すべきことである。すでに一九八六年にナチス軍司法について政府に緑の党の質問があったが、一九八九年以来元司法相H・エンゲルハルトの主導で「司法とナチズム展」が開催されている。この展示会は学問的な準備不足のために軍司法への言及も少ない。今こそ我々のほうから軍司法の真の姿を提示しようではないか。

最後にぜひとも伝えておきたい。ナチズムの空疎《ウンガイスト》な思想によって判決を下した「司法」には距離を置くべきこと、これこそが必要な態度である。

（H＝J・フォーゲル編『忘却に反対し民主主義を守る』一九九四年）

フォーゲルの論説は連邦議会の議員たちにひろく読まれ、影響は大きかった。ナチス軍司法の実態に即した論議の必要を明快に説いた高名な議会人のことばには、それを議案にすることを抑え事実を無視する審議の態度をあらためさせようとするねらいがあった。実際に、その後の総選挙で野党会派が議席を伸ばしたことと相まって、ナチス軍司法に関する連邦議会の取り組みは大きく変わった。

ようやくにして、バウマンたちの宿願をまっとうに審議する場が整い、院外でもフォーゲルのような影響力のある協力者を得て活動できるようになったのである。

審議の本格化

一九九四年一〇月の総選挙に勝利してコール政権は続くが（第一三議会期、一九九八年一〇月まで）、与野党の議席は一〇の小差となった――連立与党は「同盟」（二九四）と自由民主党（四七）で三四一議席、野党は社民党（二五二）、緑の党（四九）、民主社会党（三〇）で三三一議席――。こうしたなかで緑の党フォルカー・ベック司法担当スポークスマン（一九六〇～）と社民党ドイブラー＝グメリン党司法部会長を中心に一九九五年一月三〇日、あらためて「ナチス体制下の兵役拒否、脱走、国防力破壊の判決の無効と犠牲者の認知」に関する共同議案が本会議に提出された。

議案の趣旨は、右の件について連邦議会が決議し政府に法案化を求めるというものである。草案の作成にはバウマンもかかわった。提案理由には、一九八七年のメッサーシュミット／ヴュルナーの共同研究をはじめヴュルナーの調査研究（一九九一年）、カムラーの調査研究（一九八五年）、ハーゼの調査研究（一九九三年）など、これまでの成果が引証され、ナチス軍司法と犠牲者の実際が詳述されている。蓄積された研究によって、ナチス軍司法の犯罪性を明示しようとしたのである。

また①判決の一括破棄か事例ごとの個別審査か、②判決が他の民主主義国家と比較可能か、③判決破棄が第二次世界大戦のドイツ兵士を侮辱するか、④判決破棄が民主主義国家においても脱走を促すか、という個別の論点を提示し、①について一括破棄を是とするほか、②から④についてはいずれも否としている。とくに①の理由としてナチス軍法が本来不法でありかつ恣意的に解釈された事実、個別審査自体が記録文書の不明などにより不可能なことなどが列挙されている。

この議案は、本会議で一般討論（第一読会）のあと主担当の司法委員会に送付され、司法委員長ホルスト・アイルマン（キリスト教民主同盟）のもと、拡大会議（三二人の委員と代理委員三〇人）のかたちで同年四月二七日から翌一九九六年五月八日まで都合一三回討議がおこなわれた（「連邦議会印刷資料」一三／四五八六）。

バウマンは委員会の代表委員フォルカー・ベック、ドイブラー＝グメリンと緊密に連携し、九月の会議で決まった公聴会の準備に入っていた。公聴会で陳述する委員は、各会派の立場に沿う人物が専門家として招致されるのが普通である。そのためにバウマンは、自分を含めメッサーシュミット、連邦社会裁判所の元裁判長トラウゴット・ヴルフホルストの招致を計画した、と語っている。ついに「全国協会」結成五年後にして、立法の場で〈復権と補償〉のテーマについて堂々と主張できることが、彼には嬉《うれ》しかった。公聴会は一九九五年一一月二九日の第三一回司法委員会でおこなわれた。

前章で述べたように、公聴会の二週間前一六日に、連邦最高裁判所はナチスの司法と軍司法をきびしく批判し否定する判決を下していた。連邦社会裁判所に加え、最高裁もそのような判決を下した衝撃は大きい。もはや軍司法問題を棚上げにしてはいけないと、司法が立法に迫ったのだから。そのため、公聴会でどのように意見が戦わされるのか、メディアの関心は高く、有力紙をはじめ地方紙でも報じられた。公聴会の「議事録《プロトコル》」（三一号）をもとにその要点を記そう。

公聴会でのバウマンの意見

公聴会で意見陳述をしたのはバウマンのほか九人、「同盟」の推薦が過半数と見られる。元軍司法官・元マールブルク地方裁判所所長オトフリート・ケラー（一九一一～没年不詳）の招聘《しょうへい》には、野党会派だけでなくキリスト教民主同盟の若手議員の反対もあったが、ガイス部会長がそれを押し切った。意見陳述と議員の質問は六時間にも及び、審議は荒れた。

メディアの注目を集めたのはバウマンである。彼と「全国協会」は同年五月八日つまり終戦記念日に、クルド人女性とともに「アーヘン平和賞」を授与されていた。授賞式で彼は「まだ三〇〇人ほど生存している脱走兵の復権を促すきっかけになれば嬉しいことだ」と語った。これに反発したガイス議員は早速報道関係者に「わが会派は脱走兵に〝潔白証明書〟(一括破棄による復権――對馬)を与えようとは思わない。脱走者には犯罪的な方法で部隊から逃げた十分な事例があるからだ。そのために個別審査にこだわっている」とする声明を読みあげ、バウマンを牽制《けんせい》していた(『行動記録』)。ガイスが敢えて元軍司法官ケラーを招聘したのも、断罪され苦しめられたバウマンを憤激させようとする意図があったのかもしれない。

こうした経緯もあってメディアに注目された公聴会だが、当初、委員の意見陳述は各自の提出資料をもとにアルファベット順で進行し、そのあと議員との質疑応答という順序であった。だが専門委員同士の反論やヤジのため議事は乱れ、結局、陳述内容は大きく二分されたかたちで終わった。そこで最初の発言者バウマンの主張を紹介したあと、彼に反対する主な意見、賛成する意見について摘記しよう。

バウマンは、公聴会の席でも、軍法会議の判決破棄を求める声が最高裁の判決にも受け入れられたという喜びで高揚していた。彼の提出資料には、今もなお脱走兵など三〇〇人が「前科者」とされているが、週刊政治新聞『議会《ダス・パーラメント》』(一九九五年一二月八日付け)の世論調査では一五パーセントだけが彼らに「否定的」であり、三六パーセントが彼らを「抵抗者」とみなし、一〇パーセントが「英雄」とまで評価していること、「一括復権」の反対者は、脱走者が人殺しをして脱走した、戦友を見殺しにして脱走したと主張するが、ほとんどすべての脱走は銃後か帰郷中におこなわれているという実態が挙げられている。さらに自分に下された杜撰《ずさん》な死刑判決に対する恩赦の関係文書のコピーも添えていた。

彼は提出資料をもとに、住民や婦女子の殺戮を目の前にして脱走を図ることが死を覚悟しての行動であり、戦友とともに戦うより危険な行動であること、さらにナチス国家の不法行為や戦争犯罪に抗議する脱走の動機こそが重要なことを語る。ミュンヘン連邦軍大学現代史・軍事史教授フランツ・ザイトラー（一九三三〜）がそうした実情を否定し、ほとんどの脱走兵が「自己中心的」で貧しい出の、政治的信念もなければ、愚かで臆病、飲んだくれの「反社会的な人間」であったとする著作（書名は不明）を手にして、彼の見方が「ファッショ的」でさえあると批判した。実際、ザイトラーの提出資料も軍法会議の判決を支持し、脱走兵を全面否定する内容となっている。

最後にバウマンは語った。一括審査による復権を求めるのは、兵士個々人の事情ではなく、なぜヒトラーの戦争がそうした事態をもたらしたのかが問われているためであり、脱走、兵役拒否、国防力破壊により軍法会議の下した判決全体を不当であったと、連邦議会が「象徴的に宣言」することで、我々はこれまでの疎外された境遇から解放され「遅ればせながら人間的尊厳」を得られる、このように主張した。

反対意見

バウマンの右の主張に対して、元軍司法官オトフリート・ケラーは出席者たちに教え諭すように、裁判権者の存在と軍法会議の仕組みを説明することから始めた。また軍司法はあくまで法治国家の活動であったこと、さらに軍法会議は被告たちに「温情あふれる措置」をとったと強調した（こう主張したことにバウマンは怒って「図々《ずうずう》しいにも程がある、嘘はやめろ」とヤジを飛ばし、委員長に制止させられている）。ケラーはさらにいう。脱走は自分勝手な犯行にすぎない、国防力破壊は国家の利益を損なう政治的理由によるものである、だが兵役拒否はほぼ例外なく特別な宗教集団（「エホバの証人」）によって占められている、したがってこれらを一括して処理することは不適切である。

なんとも時代錯誤的な表現と奇妙な結論というほかない。これに同調したのが「ドイツ軍人連盟」会長で元連邦軍少将のユルゲン・シュライバー（一九二六〜、一九八七〜二〇〇一年会長）である。彼は前年一九九四年二月「全国協会」に宛てて「さきの連邦社会裁判所の判決はシュヴィンゲ博士の著書に反する理解しがたい判決だ、〝軍人連盟〟は組織をあげて脱走兵を抵抗者と認めることに反対する」と署名入りの手紙を送りつけていた。さらに三月二日の北ドイツ放送（NDR４）のバウマンとの討論でも、いかなる脱走も否定し、ヒトラーの戦争を国際法違反の侵略戦争と見るのはここ二十数年来の説にすぎないと言い張っていた人物である。当然彼はメッサーシュミットたちの研究も全否定し、彼らを敵視していた。

そうした立場だけに、シュライバーによれば新兵は脱走が処罰される恥ずべき行動であることをまず学ぶべきであり、その大原則は連邦軍兵士にも妥当するし、「戦友意識」を継承することも不可欠であるという。さらに軍司法官が自立していたことは、軍司法の最高位のルドルフ・レーマンさえヒトラーに一度も面会を許されなかった事実からも明らかだ、と強弁する。軍司法について「テロルの司法」などと呼ぶのは、一九六〇年代の東ドイツによる反西ドイツのキャンペーンに影響されたものである。一万人の処刑数は驚く数字だが、これは戦争期間の長さや戦線の拡大という事情が考慮されねばならないことだ。脱走兵の復権を図るなど論外だ。以上が会員四〇万人のトップに立つ「ドイツ軍人連盟」会長の陳述である。

もう一人はさきに挙げたザイトラー教授である。彼は自分の著作がバウマンから「ファッショ的」と批判されたことに腹を立てていたのだろう。陳述の番になって開口一番、バウマンに「専門家でもないのに、この種の十把《じっぱ》一絡《ひとから》げの批判はお断りだ」と怒鳴りつけた。

彼の意見陳述はナチス軍司法の批判的研究の開拓者メッサーシュミットの所論を否定することに尽きた。ザイトラーによれば、軍司法を一括《ひとくく》りに「テロルの司法」とするのは根拠がない。一五〇〇人の軍司法官のほとんどが非ナチでありナチ思想にも距離を置いていたこと、判決にあたっては被告人の利益を擁護するための十分な裁量の余地があったこと、ヒトラーは軍裁判を敵視し一九四五年一月には軍の裁判権も廃止しようとしたこと、以上の理由からだという。

またコルネリミュンスターやウィーン、プラハなど文書資料を渉猟した結論として、脱走、兵役拒否、国防力破壊の被告人たちにはそれぞれの事情があり同一レベルでは論じられない。だが少なくとも脱走兵についていえば、戦友の生命を危うくするような個人的動機が決定的であり、彼らを一括して正当化することはできない。

この期に及んで、なおもナチス軍司法の正当性を擁護する三人の陳述を読むと、彼らがそもそもナチズムに距離を置いていないような感をおぼえる。こうした公聴会の様子を、日刊紙『シュヴァーベン・ポスト』（一二月一日）は「ナチスの空疎な思想はいまだ健在」の大見出しで報じ、『ツァイト』紙（一二月二三日）にいたっては「幽霊芝居」とまで酷評している。

バウマンの賛同者

ではバウマン発言に賛同する委員たちはどうであったか。

まずオットー・グリッチュネーダーである。彼は連邦社会裁判所の判決を評価した法律家で、提出資料も判決に関する彼の論説であった。陳述では、ヒトラーの戦争が民族絶滅と略奪をめざした類のない「不法」行為であり、今回の公聴会の議論はそのヒトラーに従う将軍たちの行動が「極端な不法」であった事実から出発してこそ意味があること、さらに自分がナチズムに批判的だとして罷免され、五年間前線送りとなって軍司法官の下役として働いたこと、この間彼らが前線に一度も赴くことなくいかに尊大に行動し苛酷な判決を下したか、日常的に体験したことについて、怒りを込めて語った。

グリッチュネーダーは軍司法官を「国際法違反の侵略戦争に仕えるテロの幇助者」にすぎな

かったと断じ、彼らには連邦共和国からのうのうと高額の年金や俸給を受ける資格はないとまで批判する。彼らは本来の意味での「裁判官」に値しないし、下した判決も本来の意味での判決とはみなしがたい。要するに「そうした判決は破棄されるだけでなく、無意味だと宣言すべきである」。このように切って捨て、「不当に断罪された人々の明確な復権」を主張した。

つぎに連邦社会裁判所初の革新的な判決を下した人物として、メディアから注目されたトラウゴット・ヴルフホルストである。彼は提出資料で「当時適法であったものが今になって不法であるなど、ありえない」という考え方が根を張り、今日まで続いてきたと指摘し、「軍司法がナチスドイツという国家のテロルの道具」であったと確信したために、連邦社会裁判所の一九九一年判決が下されたこと、一方で判決後も依然として被迫害者の復権も補償もなされない事情を詳しく記している。この見地から、あらためて陳述しているが、その要点はこうだ。

国防軍とその司法はナチス国家のテロルの道具であった、ナチス軍法の基本は極端な威嚇にあり、軍法会議の下す判決はその専横と冷酷さに照らしてテロルを具現したものにほかならない、判決が全体として不当な措置なのだから、犠牲者を個別的に審査するべく条件を設ける必要はない、犠牲者に対する連邦補償法（一九五六年）による補償の代替措置をとることは可能である。

最後にヴルフホルストの強調したことばを挙げよう。「そもそもドイツ国民の幸せのために犠牲になるのとは反対に、人権を無視した国家への犠牲だけが強制されること、そのことが不当なのである」。

もう一人バウマンたち「全国協会」の活動を理論的に支えた、メッサーシュミットについて見てみよう。彼の提出資料は、犯罪による脱走、戦友を見殺しにした脱走という非難が短絡的であるとし、事例と処罰の統計資料をもって反駁しているが、陳述で語ったつぎのことばは彼の考えを総括したものとなっている。

「脱走兵が今もなお犯罪者だとするならば、幾万の兵士たちが殺人や強姦、銃で威嚇しながらの強姦行為等々、ありとあらゆる罪を犯して罰せられたことも知っているはずだ。だが彼らをすべて戦後、連邦首相は公然と国防軍のために公式陳謝して匿ったのだ（アデナウアー首相の一九五三年の公式陳謝を指すと思われる――對馬）。とすると、戦争から逃れよう、戦争を続けるのを批判し逃れようとした彼ら脱走兵に対して、我々はいかに対応したらいいのだろうか？　我々戦争世代にはこのように自分に問う義務があると思う。戦争世代が真剣にナチスの戦争と軍司法の役割を清算しようと考えるのであれば、彼らの復権を宣言するのが人道的な義務でもあるだろう。ぜひとも言っておきたい。第三帝国の甘い統計だが、脱走兵に限っても幾万の死刑判決が下されている。この数字だけをもってしても、ここ数百年のドイツと刑事司法の歴史に類例がないのである」

混乱する審議

公聴会は一〇人の専門家の陳述のあと、議員たちの質疑に入った。

ドイブラー＝グメリン議員はじめ社民党の議員や緑の党のフォルカー・ベック議員は、ヒトラー戦争の「不法」を前提にして、それを「今日の視点から償うこと」を論点にしようとしていた。だがガイス議員はグリッチュネーダーの「犯罪的な侵略戦争」「一切が不法、犯罪」と見る発言を他の専門委員に問うことで、復権と補償の議論を振り出しに戻そうとした。

ガイス推薦の専門委員の一人、ミュンヘン現代史研究所長ホルスト・モェラー（一九四三〜）の主張がそのきっかけになった。彼は陳述では「ナチス体制の犯罪的性格」「犯罪的な侵略戦争」を自明のこととしながら、「歴史家は〝状況〟に取り組むべき」であって「最初から〝不法〟と確定することには一般的に問題がある」と主張し、「ナチス軍司法についても時間的差異つまりその変遷過程を考慮すべき」だと述べていた。質問を受けてモェラーは再度この持論を講義調で長々と語った。このため、議論が拡散し論点がぼやけてしまう結果となった。元軍司法官ケラーが高齢による難聴を理由に早々と沈黙するなか、ザイトラーとシュライバーはモェラーの主張に勢いを得て、持論とする脱走兵の利己的動機について繰り返した。

ザイトラーにいたっては、話の途中でバウマンに「あなたに学問分野で判断する権利はないよ、軍法の規定をよく調べると自分に下された判決のこともわかるはずだよ」と辛辣に貶《けな》しさえした。彼はバウマンに批判されたことをよほど恨みに思ったのだろう（二人は二〇〇二年四月の公聴会で再度対面することになる)。

委員長アイルマンは議論を収斂させようと努めたが、議員、委員ともに感情的になり質疑も錯綜した。公聴会は始まってから六時間を超えすでに午後八時を過ぎていた。ついにメッサーシュミットはこう発言し議論に終止符を打った。

「動機の研究は歴史家にとって通常意味あることでも、当面する我々の主題には重要ではない。脱走兵、国防力破壊者の動機がきわめて多様なことはいうまでもない。問題とすべきは、そのための個別的な事例調査ではなく、復権のことなのだ。(中略)一九九〇年一〇月に「全国協会」は三七人で結成されたが、ほとんどが病に苦しみ、社会との関係も断たれている。補償は大事だが、なによりも彼らは復権し、遅ればせながらも人間的尊厳を回復することを希求しているのだ。(中略)〝判決はすべて不当であった〟――この原則が連邦議会で決議されないかぎり、我々は戦いつづけるほかない」

最後に委員長アイルマンは、ナチス軍司法の生き証人たる七三歳のバウマンに労《ねぎら》いといたわりのことばを述べたあと、ようやくヤジと批判の飛び交った脱走兵復権にかかわる初の公聴会は終わった。

こうした事態を受けて、各会派は翌一九九六年一月までに公聴会の結果について評価し、審議し直すのだという。だがその後の委員会においても、各会派の合意は得られなかった。一九九六年五月九日の委員長報告は、「社民党と緑の党の会派から決議のために論点が今後も審議されるよう要望が出された」と記している（前掲「連邦議会印刷資料」）。

このため連邦議会では、ナチス軍司法の判決はこれまでどおり合法とみなされることになった。断罪された人々の置かれた状況は依然として変わらない。

先述の『シュヴァーベン・ポスト』紙は記事の冒頭に「〝亡霊のような議論〟のために、ルートヴィヒ・バウマンはほとんど絶望していた」と記す一方、公聴会終了時に記者たちから今後の見通しを問われた社民党のドイブラー＝グメリンのことばを末尾に伝えている。「軍司法の犠牲者がこれほど長い間復権されずにいるなど、恥ずかしいことです」。とはいえ、くじけず新たな方策を探して前進するほかない。そのためにバウマンとメッサーシュミットはあらためて議会の外で活動を続けるために力を注いでいく。

2 院外活動と連邦議会の変化

ドイツ福音主義教会会議の「宣言文」

バウマンは元社民党党首フォーゲルの知遇を得たことで活動の幅が広がった。政界引退後もフォーゲルは会報『忘却に反対し民主主義を守る』（一九九六年七月号）で「軍法会議の判決は破棄されねばならない！」と訴える一方、そのシンボル的な存在バウマンの活動にも注目していた。バウマンもさきのフォーゲルの論説に共鳴し、それをメッサーシュミット、ギュンター・ザートホフなど学術顧問の論集『ナチス軍司法の犠牲者』（一九九四年刊、「全国協会」「全国連絡協議会」共編）の巻頭に転載していた。

こうした親密な関係もあってバウマンは、フォーゲルの長年の僚友で社民党の政治家ユルゲン・シュムーデ（一九三六〜）とも知りあいになった。シュムーデはドイツ福音主義教会会議の議長（在任一九八五〜二〇〇三）でもある。これについて少し説明しておこう。

第Ⅰ章で述べたのだが、バウマンは死刑囚の独房で、従軍牧師が主の祈りを「総統を守りたまえ」のことばで締めくくることに衝撃を受け、教会から離脱した。だがヒトラー独裁制崩壊後のドイツは、教会信仰の自立を守った「告白教会」のもとに再編された。曲がりなりにもナチズムに唯一屈しなかった歴史的な組織制度としてプロテスタント教会のドイツ福音主義教会＝ＥＫＤは、カトリック教会とともに戦後も高い社会的権威をもちつづけることになった。バウマン自身も妻ヴァルトラウトの死をきっかけに、宗教に背を向ける姿勢をあらため信仰に戻っていた。

再統一後ドイツのキリスト教新旧両宗派の教会員数は拮抗《きっこう》しているが、全土二〇の州教会およびその連合体ＥＫＤの有する平和・社会奉仕活動の役割は絶大である。もちろん二〇〇〇万信徒に対して、したがって世論形成にも大きな影響力がある。この教会連合体が毎年一度、重要事項を審議するための最高会議がEKD教会会議である。この教会会議《ズィノーデ》は州教会代表とEKD評議会の代表からなるが、一九八五年以来その議長団のトップがシュムーデ議長であった。

バウマンとメッサーシュミットは一九九六年夏以降シュムーデ議長を頼って、EKD本部のあるハノーファー市に再三出かけ、教会会議でナチス期に軍法会議で断罪された人々について詳しく説明し、質問に答え、議論もした。その影響力に期待し、連邦議会に働きかけてほしかったからである。

ここで少し話がそれる。

ちょうどこのころ、バウマンはノーベル平和賞の候補者に推されていた。推薦者名簿を見ると、ドイツ作家同盟会長夫妻を先頭に、全欧にわたる平和団体、世界教会平和フォーラム、各地の兵役拒否団体、緑の党各地区組織それに神学、法学の大学教授、ラルフ・ジョルダーノ(『第二の罪』著者、邦訳書あり)などの著名な作家たちや、民主社会党前党首グレゴール・ギージなど一二五の多様な団体や個人が名を連ねている。これを発議した「ポツダム市民運動」の理由書によると、彼の多年の平和運動に加え、元脱走兵を糾合した復権活動を平和運動と位置づけたことが論拠とされている。つまり復権問題はいまや「平和を築くシンボル的性格」(W・ヴェッテ)を帯びた。結果としてバウマンは授賞されなかったが、そのことにまったく無関心な彼の言動をメディアは報じている。いずれにしても彼は「ドイツの最も著名な脱走兵」となっていた。

もう一つある。幾度も触れてきたがバウマンは連邦軍や「ドイツ軍人連盟」から敵視されてきた。一九九三年一一月マンハイムでの追悼式典で彼が侮辱されたのもその一例だ。ところが彼の抗議の手紙に対して意外にも国防相フォルカー・リューエ（キリスト教民主同盟、一九四二～、在任一九九二～九八）の意を受けた省内の責任者から回答が届いた。それにはこうある。「国防軍が不法な体制によって、犯罪的戦争遂行の道具として誤用されたことについて貴殿と我々の認識は一致している。（中略）連邦軍は戦争と暴力支配の犠牲者に対してともに追悼する用意がある。（中略）この考えを兵士たちに理解浸透させせなければならないことは、マンハイムでの貴殿の体験が示している。小職は貴殿の手紙を契機にして、この課題を教育活動の枠組みで扱う所存である」（『自伝』）。

国防相リューエは凡庸な保守政治家ではなかった。彼の融和の基本方針はただちに実施された。やがて連邦軍のバウマンたちに対する表立った反感は鎮まり、復権活動の障害ではなくなった。露骨な敵対姿勢を続けたのは「ドイツ軍人連盟」と極右ネオナチである（ちなみにバウマンを罵倒する差出人不明の最後の手紙が届いたのは、二〇〇七年一月三〇日である）。

バウマンがメッサーシュミットとともにハノーファーで長い時間をかけて議論し説明できた背景には、右のような事情があった。そのおかげで彼らの主張は理解され、努力は実を結んだ。一九九六年一一月六日教会会議で議員一二〇人（出席人数）のうち一一五人が、連邦議会に宛てた以下の決議に賛成した。

全八項目からなるが、その主たる事項を以下に記そう。

一九三九年から一九四五年までの時期に、脱走、服従拒否、国防力破壊のかどで軍法会議で断罪された我々の同胞がまだ生存している。彼らは依然として前科者扱いされている。それはもはや責任を問うてはならないことである。

EKD教会会議は宣言する。

一　第二次世界大戦は侵略戦争、絶滅戦争であり、ナチスドイツがひきおこした犯罪であった。当時そのことを教会が認識しなかったことを、今認めなければならない。

二　犯罪に加担することを拒否した者は尊敬に値する。拒否したために受けた有罪の宣告をナチス独裁とその戦争指導の犯罪的な性格が確定して以降もずっと受けつづけていることは、不条理である。

三　犯罪に加担しないことで処罰されてはならない。

四　脱走兵の復権は戦争に参加したドイツ兵士たちの価値を貶《おとし》めることではない。ほとんどの兵士は祖国への義務を果たすことと信じ、兵役を逃れようとは考えなかっただろうから。生き残った脱走兵の代弁者たちもそのように思っている。

なかには正当化できないような動機や事情による脱走があっただろう。だが戦後五〇年を過ぎて個々の脱走の行為について調査することは、実際的に不可能である。

（中略）

八　軍法会議の犠牲者たちの復権は、ドイツ連邦軍に否定的な影響を及ぼすものではない。連邦軍は民主的な法治国家の軍隊である。基本法は侵略戦争をめざす一切の行動を禁じている。連邦軍の兵士たちはそれにもまして、「軍人法」によって犯罪的な命令に従うことを禁じられている。ナチス独裁に抵抗した男女は連邦軍の本質的な理想の一部をなしている。

ＥＫＤ教会会議はドイツ連邦議会に対して、第二次世界大戦のあいだ、脱走、服従拒否、国防力破壊のかどで軍法会議の下した判決が不当であったと決議することを要望する。

（後略）

ボルクムにて　一九九六年一一月六日

ＥＫＤ教会会議議長　シュムーデ

（『ドイツ福音主義教会機関紙』一九九六年一二号所収）

この「宣言文」は連邦議会に送付された。衝撃は大きく、最高裁判決の比ではなかった。連邦議会の姿勢も変わらざるをえなくなった。

ミュンヘン市庁舎で開催される「国防軍犯罪展」の見学のために行列をつくる人々（1997年）(*Ehre, wem Ehre gebührt!*)

「国防軍犯罪展」

ここで補足しておきたいことがある。それはハンブルク社会研究所による移動展示会「絶滅戦争　国防軍の犯罪一九四一～一九四四」（＝「国防軍犯罪展」）をきっかけに、すでに世論に大きな変化が生じていたことだ。この展示会は終戦五〇周年にあたる一九九五年三月ハンブルクを皮切りに一九九九年一一月まで、オーストリアを含め三三の都市を巡回した展示会で、研究所主宰者ヤン・レームツマのもとで熟考され企画された。彼は前述のように「全国協会」の財政支援者であった。企画のテーマは東欧・ソ連占領地での国防軍の戦いが、「通常の戦争」ではなく「人種戦争」として計画実施されたことを客観的に示すことであり、おのずと軍司法の役割も白日の下に晒された。数多くの写真で展示された、男女レジスタンス関係者の処断は、軍法会議の権限であったからだ。

展示内容は、学界では周知のことでも一般の人々には衝撃であった。戦時中の国防軍の兵員の総数は一八〇〇万人といわれる。大半のドイツ国民の祖父、父などが直接戦争にかかわったことになる。そのために戦後社会に例を見ない激しい賛否の議論が生じた。

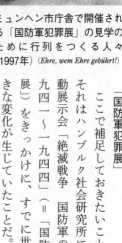

バウマンは当初からこの展示会の解説者として活動していたが、すでにブレーメンで長い議論の末に開催が決まったこと、一九九七年はじめになるとミュンヘンでは賛否の議論と、ネオナチ団体（ドイツ国家民主党＝NPD）の旗を掲げ「祖父や父は殺人者ではなかった」「国防軍の栄誉を守れ」と叫ぶ老若五〇〇〇人の反対デモが続いたことを、彼は悲しみを込めて記している（『自伝』）。

「ドイツ軍人連盟」は展示反対運動の中核であったが、リュール国防相は連邦軍と国防軍とは異なる伝統にあるとして、それを批判していた。公聴会でも表された親ナチ的な「連盟」会長シュライバーの主張は、彼の理解を超えていただろう（こうした立場の違いから二〇〇四年に連邦軍は「連盟」との協力活動の拒否や接触の禁止の措置をとり、「連盟」は解散への動きを速めていく）。

ともあれ、移動展示会に対する嫌悪や反発、反対にかかわらず、そこで露わにされた歴史事実は事実として受け止めるほかない。少なくとも「清潔な国防軍」の神話を語ることは虚《むな》しい。ヒトラー戦争の正当性を語るのはもはや極右だけとなった。「国防軍犯罪展」が世論の一大転換を促したゆえんである。

バウマンたちに有利な世論の新しい風が吹き、問題に背を向けてきた連邦議会もそれに向きあう時機が到来したのである。

連邦議会の「決議」

ＥＫＤ教会会議の「宣言文」は連邦議会の与党会派「同盟」と連邦政府に強烈な衝撃を与えた。いうまでもなく、キリスト教民主同盟にせよキリスト教社会同盟にせよ、元来、キリスト教理念を掲げる新旧合同キリスト教新党（人脈的にはヴァイマル期までのカトリック系政党「中央党」の流れを汲む）である。復権事案の解決を要請する「宣言文」のもつ意味は、両党にとって格段に重い。しかもその背後には圧倒的数の選挙民がいる。一九九八年九月には連邦政府、議員たちの最大の関心事である総選挙が予定され、世論の審判が下る。このため連邦議会としても事案に対する取り組みの姿勢を明示して、選挙前の第一三議会期中に決着をつけることがぜひとも必要となった。「同盟」の強硬な保守派としても、もはや軍司法の正当性にこだわりつづけるわけにはいかなくなった。

すでに公聴会を終えて一年半、膠着状態にあった復権議案の審議も、ようやく再開された。与党会派が社民党に歩み寄ったことによるものだが、その結果が一九九七年五月一四日の司法委員会案にもとづく「一九九七年五月一五日の連邦議会の決議」である。「決議」は五項目、その文言の多くは「宣言文」をなぞったものとなっている。

最初の項目は、「第二次世界大戦は侵略戦争、絶滅戦争であり、ナチスドイツがひきおこした犯罪であった」と謳い、文言は「宣言文」と同じである。第二項は「第二次世界大戦では幾万のドイツ人兵士や民間人が〝兵役拒否〟、〝脱走・逃亡〟、〝国防力破壊〟のかどで断罪され、そのうち幾千の人々が処刑された」との文言が新たにつけくわえられ、第四項は「宣言文」の三項と八項を一つにまとめた内容となっている。このことは、「宣言文」のことばが司法委員会ひいては連邦議会にとって、もはや否定できない基本思想とみなされたことを示している。

問題はとくに第三項と第五項にあった。第三項は「ドイツ連邦議会は犠牲者とその家族に深い哀悼の意を捧げる。第二次世界大戦のあいだに軍司法の下した判決は法治国家の価値規範に照らすと不当であった。仮に処断された行為がこの規範に照らして今日でも不法であるならば、別に判断される。しかし戦後五〇年を過ぎ今になって個々の脱走事案を調べることは、不可能である」。

これを読んで読者は「仮に……別に判断される」という文言に前後の文脈からも、唐突な違和感を抱くだろう。この文言を挿入させたのはガイス議員たちである。当然、反対意見が出された。緑の党のフォルカー・ベックは、この文言は不明瞭であるから削除し、兵役拒否、脱走、国防力破壊を別なく一括破棄すべきだと主張し、さらに社民党のドイブラー＝グメリンもそのあとの「戦後五〇年を過ぎ……」の文言の削除を求めた。だが多数決で否決された。兵役拒否、国防力破壊の判決と脱走の判決は別の次元だというわけである。

もう一つは第五項である。それは連邦政府に対して、犠牲者とその遺族に一九九八年末を申請可能な期限とし一回限りの給付金七五〇〇マルクの支給を求めるというものである。これについても、ベックたちは給付金の上乗せと、国防軍兵士や親衛隊の寡婦と同様に月額五〇〇マルクの年金を支給することを求めたが、否決された。反対された理由は、生存者は減刑・恩赦の際に、国防軍から「恥さらしとして追放されていた」からだという。国防軍兵士という身分は剝奪されているから受給資格がないというレトリックである（「連邦議会印刷資料」一三／七六六九およびW・ヴェッテ『栄誉』）。

決議文の原案にバウマンたちは同意しなかった。実際に補償の段階になると連邦政府は個別的に審査をすることになる、と考えたからである。

本会議でも緑の党による削除の動議が出されたが、「決議」は多数決で採択された。

三日後の「決議」成立を見込んだ『シュピーゲル』誌（一九九七年五月一二日）は、これを大きく報じている。「兵役拒否」は基本法に定める良心的兵役拒否の規定から、また国防力破壊も表現の自由という見地から、ナチス軍法会議の判決が破棄されるのは当然のことと、みなされていた。そのため焦点は脱走兵の処遇に当てられている。統一会派の司法担当スポークスマンとしてガイス議員は、なぜ脱走兵全員を一括して復権させないのかと問われ、答えている。「今日でも一般に処罰に値するような行為については制限が加えられている。脱走兵の場合、はじめに違法行為を犯し、さらに処罰を恐れて逃亡している輩だから、復権などできっこないのだ」。

ガイス議員は何をいおうとしているのか。これについて「全国協会」の学術顧問ヴォルフラム・ヴェッテは語っている。脱走には必ず不法行為（逃走のための軍服に代わる私服や食料の窃盗など）が伴っており、その行為を理由に脱走兵を申請からも排除すること、つまり避けがたい付随行為に光を当てて、「なぜ脱走なのか」という本題が陰になるようにすること、それが目的である、と。要するに、ガイスたち強硬な右派議員にあるのは脱走兵の復権をあくまで阻止しようという執念だけである。

バウマンは同誌に一言語っている、「我々はこのたびの決議で復権されるのではなく、再度辱めを受けている」（『活動記録』）。

一九九七年の連邦議会の「決議」は、連邦政府に実施を迫る法的な拘束力はなかった。つまり議会としての態度表明にとどまっている。だが、立法化にあたって指針を示すという意味があった。このため議会内では緑の党のフォルカー・ベックの主導で、国防軍脱走兵の全面的な復権をめざす「決議文」の言い換えの議論が再燃した。バウマンたちも完全復権をめざしてさらに行動していく。

このとき生き残っていた脱走兵は二五〇人である。

3　脱走兵の復権なる――「改正ナチス不当判決破棄法」

「ナチス不当判決破棄法」と脱走兵の排除

連邦政府でも、ＥＫＤ教会会議の「宣言文」や議会の「決議」など新たな動きを受けて、自由民主党から入閣していた司法相エッァールルト・ヨルツィヒ（一九四一〜）はナチス不当判決に関する法案の準備に入っていた。彼は北ドイツ出身のキール大学法学教授で、一九九六年から司法相の職にあった。いつかは不明だが、バウマンはヨルツィヒと理解しあえる間柄となり、幾度も話しあい、文書もやりとりしたと記している。さらに死刑判決まで経験したナチス軍司法の実態を知る証人として彼と「全国協会」のメンバーも、原案の作成に加わることができたという。

バウマンを介して、社民党と緑の党はこの原案を参考にさらに手を加え、それぞれ連邦議会に「ナチス不当判決破棄法案」を提出している。与党会派も政府の原案にもとづく法案を提出し、一九九八年三月四日の本会議で一般討論のうえ、主担当の司法委員会に送付された。審議ののち五月二七日投票で与党会派の法案が採択され、翌二八日本会議でも可決され成立した。それが「ナチス不当判決破棄法」（正式名「刑事司法におけるナチス不当判決と旧優生裁判所の断種決定の破棄法」一九九八年八月三一日公布）である。

正式名が示すように、実際は二つの法律が一つにまとめられている。悪名高い断種法（一九三三年）による強制不妊の犠牲者は約三五万人、法的に「生存無価値の生命」とまで表現したナチスの不妊措置を不当とし破棄することには、全会派とも異論はなかった。

一方、「ナチス不当判決破棄法」は一条でこう規定している。「一九三三年一月三〇日以降、正義の基本概念に反し、政治的、軍事的、人種的、宗教的もしくは世界観的理由でナチス不法体制を堅持するため下された刑事裁判による有罪判決は、本法律によって破棄される（略）」。続く二条では「前条にいう有罪判決とはとくに、一、民族法廷　二、一九四五年二月一五日の設置命令にもとづく即決裁判所、三、添付の諸規定によるものをいう」と規定している。バウマンたちは、二条の「三、添付の諸規定」つまりナチス期の刑法や軍法の関係諸法規五九件に、脱走／逃亡、兵役拒否、国防力破壊などの諸規定が包括的に記載されていると思っていた。司法相が三月に裁可した原案からも、このことを確認していた。

だが司法委員会の二七日の最終法案では、兵役拒否と国防力破壊だけが不当判決とされ、脱走（一九四〇年一〇月の軍法典六九条）、臆病（八五条）、無許可離隊（六四条）の諸規定は削除されている。そのため脱走などの処罰については今日の法規定でも妥当する判決かを審査する余地が残された（「連邦議会印刷資料」一三／一〇八四八）。

バウマンが語るように「ガイス議員の策動」なのだろう。法案成立の翌二九日、全国版日刊紙『ターゲスツァイトゥング』は、「中途半端なナチス判決の破棄」の大見出しと「強制断種は決定無効／脱走兵判決は曖昧」の小見出しを付して報じた。記事は連邦議会の「決議」第三項が踏襲されたこと、脱走については個別審査により「〝政治的理由〟による脱走の判決は不当な判決となりうるだろう」とガイス議員が語っていること、さらに緑の党のベック議員が、この法律が脱走兵の復権を「いっそう不透明にした」と危惧の念を抱いていることを、伝えている。当然、一回限りの補償措置そのものも不確かなものになった。個別審査の結果によって、ガイスのいう「潔白証明書」が付与されてはじめて、補償も実施されるからだ。しかし、そもそも軍法会議の判決の恣意性が問われているのに、審査を託される地方裁判所の検事が、何を根拠に判断するのか。復権を願う人々の「屈辱感が増すだろう」と、同紙が記すのも、そのためである。

実際にこの法律の制定後、申請の希望者は一人もいなかった。バウマンこのとき満七六歳。復権のためのさらなる行動は続く。

政権交代と遅れる破棄法の見直し

ドイツ再統一の立役者としての名を残して、コール内閣は退陣し、一六年ぶりに社民党政権に交代した（第一四議会期、一九九八～二〇〇二年）。一九九八年九月二七日総選挙で、野党社民党に敗北したからである。社民党が連立を組んだのは緑の党である。ちなみに連邦議会六六九議席中、社民党二九八、「同盟」二四五、緑の党四七、自由民主党四三、民主社会党三六の議席だが、与党会派は三四五議席の多数派となった。一〇月二七日ゲルハルト・シュレーダー首相（一九四四～、在任二〇〇五年まで）のもと、かつての「六八年世代」を代表する一人ヨシュカ・フィッシャー（一九四八～）は緑の党から副首相兼外相として入閣、バウマンと連携してきたグメリンも司法相となった。

ようやくにしてコール体制が終わり、バウマンたちにとって有利な政治体制が出現した。

「全国協会」が活動を始めてすでに八年経った。今度こそは宿願の実現をというつよい思いがバウマンにはあった。彼は早速グメリン司法相に就任祝いの手紙を送った。彼女のお礼の返信も届いた。それには「ナチス不当判決破棄法」を見直すことが強調され、一〇月二〇日に社民党が緑の党と交わした合意事項がこう紹介されている。「ナチス不法の犠牲者を復権させ補償を改善することが責務として残されている。連邦新政府は〝ナチス不法〟による〝忘れられた犠牲者〟への連邦補償基金、およびドイツ産業界も参加した〝ナチス強制労働の補償〟のための連邦基金を創設する。ナチス犠牲者の年金保険や復権において生じる不利益は、現行法の補足規定によって緩和する」。返信の末尾には、この合意案を具体化するにあたりバウマンの意見を求める旨が記されている（『活動記録』）。

メディアも連立協定について報じ、新政権が九月一日に発効した「ナチス不当判決破棄法」の修正に取り組むと予想し、かつ期待を寄せていた。グメリン司法相自身が一〇年来一括破棄をめざしてきたことは周知の事実であったからだ。

だが一括破棄に関する審議は進まなかった。バウマンの復権活動に注目してきた日刊紙『フランクフルター・ルントシャウ』は、二〇〇〇年七月六日「国防軍脱走兵を置き去りにして時が過ぎる――明瞭な復権を約束した連立協定にいまだに見るべきものなし」という見出しで、この間の状況を大要以下のように伝えている。

ナチス犠牲者のために「現行法の補足規定」をつくることで合意したはずだが、その兆候はなく、バウマンたちは待たされたままである。この数カ月間、彼はグメリン司法相と話しあいを続けているが、司法相は彼をなぐさめ希望をもつように告げるばかり。少し前から司法省は彼に、「補足規定」について期待を抱かないようにさせている。だがバウマンたちが望んでいるのはそんなことではなく、一括復権なのだから、別に驚くことではない。緑の党議員団の協力者ギュンター・ザートホフによると、「我々は何度も催促してきたが、なぜ司法省がいまだに修正案を提出しないのか理解できない」という。時はどんどん過ぎていく。「全国協会」の創設メンバーは三七人から一一人に減っている（『活動記録』所収）。

《七月二〇日事件》追悼式典への出席

バウマンたちは「破棄法」見直しの施策を待ちつづけた。復権活動を始めてすでに一〇年になる。まだ道半ばだが活動の成果はあった。ベルリンのドイツ抵抗記念館中庭で催される毎年恒例の《七月二〇日事件》犠牲者追悼式典に出席できたのも、その表れであった。かつては及びもつかない処遇であった。バウマンは記している。「二〇〇〇年七月二〇日木曜日、はじめてナチスの時代の兵役拒否者や脱走兵に死刑判決が下されたことを追悼し、花輪を手向ける――こう新聞に載っている。我々もそこに出席が許されるのだ。公式には招待されていなかったが、連邦軍に認められた。我々の無名の死者たちをこの場で追悼することに、私は感動していた」（『自伝』）。

だが一方で、もう一つの現実をも思い知ることになった。バウマンと同志たちの席は最後尾に置かれ、公式の式典が終わりほとんどの参列者が去ってから、彼らは前に来て献花することができた。また式辞で「反ナチ抵抗運動をドイツ連邦共和国の基礎」と称え、無名市民の「多面的な抵抗」について述べる出席者（連邦議会議長）はいても、良心的理由による脱走や兵役拒否については一言も語られなかった。彼らの存在は依然として無視されていたのである。

それだけではない。最前列に賓客と同席していた《七月二〇日事件》の寡婦やその子どもたちから露骨に軽蔑するような視線が注がれていた。バウマンは語っている。「我々脱走兵は臆病者であって、抵抗者ではないという目で見られていた。〈抵抗運動の英雄たち〉の息子や孫たちが時代に逆行して振る舞う姿に、私は気持ちが傷つけられた」（『自伝』）。

こうした体験がバウマンたちの復権活動をさらに勢いづかせることになった。

民主社会党（左派党）の支援

「破棄法」がなぜ見直しされず放置されていたのか、委細は不明である。ただこれまでバウマンがいわば蜜月関係にあった緑の党、社民党と齟齬《そご》をきたす契機が一つあった。それはユーゴスラビア内戦の過程で生じたコソボ紛争にドイツ連邦軍が参戦したことだ。新政権の発足まもなく紛争は激化し、翌一九九九年三月、戦後はじめてNATO軍の一員としてドイツ連邦軍の空軍も空爆に加わった。国内ではその是非をめぐって激しい論議が巻き起こった。このとき参戦の理由として、緑の党のフィッシャー外相が「ホロコースト」を再現させないためだと説明したことや、国防相ルドルフ・シャーピング（一九四七〜、社民党）が、バルカン半島に「第二のアウシュヴィッツ」ができるのを阻止するためだと主張したことなどが、報じられた。

だが平和運動家バウマンにとって、ドイツの参戦は到底容認できなかった。参戦が国際法に反しかつ国連の委任もなく、侵略戦争を禁じる基本法に照らして疑義があり、かつてセルビアで最悪の戦争犯罪を犯したナチスの過去の忘却に通じる行動である、そもそもホロコーストとは同列に論じることではない、こうした立場からである。

さらにコソボ紛争以後も新たにアフガニスタン派兵（二〇〇二年一月〜、国際治安支援部隊の一員）が重要課題となったことに加え、税制・年金改革、脱原発など多くの分野の改革が目白押しのなかで、脱走兵問題はシュレーダー内閣の重要事項ではなくなっていた。バウマンはその後もグメリン司法相とは連絡をとりつづけたが、グメリンが閣内で無力であることも知っていた。

こうした事情もあって、ついにバウマンは期待した連立与党との協力関係をあきらめた。代わって、連邦議会では他党派から敬遠され、ほぼ孤立状態にあった民主社会党（二〇〇五年に社民党を離島した同党の最左派と政党連合、二〇〇七年六月に合併し「左派党《ディ・リンケ》」と改名）に、支援を求めることを決断した。是が非でも目標を達成したかったからだ。かつてバウマンたちが緑の党の支援で院内活動を始めたとき、民主社会党は援助を申し出ていたが、「戦術的な理由」のために——東ドイツの独裁政党ＳＥＤの流れを汲む民主社会党に対する他会派の警戒心が、自分たちの活動にマイナスだという——辞退した経緯があった。だが状況は変わり、老いた自分たちに残された時間も少ない。

バウマンの依頼を快諾した民主社会党の議員たちはただちに行動し、いわば奇策を講じた。一九九八年三月に社民党が提出した議案（法案）の一部を、二〇〇一年三月「脱走兵に対するナチス不当判決破棄」に関する民主社会党の動議として、連邦議会にあらためて提出したのである。さすがにこれには、連立政権も対応せざるをえなくなった。

それでも政府与党の法案が提出されたのは、翌年二月のことである。審議入りまで一九九九年半ばからじつに二年半かかった。メディアも事態の進展を待ち望んでいたのだろう。二〇〇二年一月一一日、日刊紙『ヴェーザー＝クリール』は、「〝不十分な決定〟——脱走兵バウマン、法による復権を待つほかない」の大見出しで、バウマンたちが「ナチス不当判決が一括破棄されなかった、第三帝国の犠牲者の最後のグループ」となっていると伝え、一月二七日の日刊紙『ブレーメン通信《ブレーマー・ナッハリヒテン》』も、「復権のための長すぎる闘い」の経過について詳細に報じている。

二度目の公聴会

政府与党の法案「ナチス不当判決破棄法に関する改正法案」が本会議に提出され、司法委員会に再度審議が要請されたのは、二月末のことである。法案の骨子は一九九八年五月の委員会で削除された関係諸規定の復活と個別審査の廃止、および男性同性愛者処罰規定（ドイツ刑法一七五条、一七五a条四項）の被害者に関連する規定の追加（一九六九年まで効力を有していたとして一九九八年の「ナチス不当判決破棄法」には盛り込まれなかった）の二点である。すでに結果が予想できたこともあり、二月になると新聞各紙はナチス不当判決の一括破棄について報道を始めている。

そうした動きに猛反発したのが、「同盟」のガイス議員である。彼は会派広報（二月一日）に「司法相は新たな間違いを犯すことになる」と書き立て、さらに三月の会派広報にも、一括破棄は「恥」だと反対する第一読会での自分の演説を掲載している。それにはこう書かれている。「逃亡しそのために他の兵士を危機に陥れた輩を戦争の英雄だと認めたら、過ちを犯すことになる。戦後六〇年近くなって、我々は父親たちに恥ずべき行動をすることになるのだ。父親たちは逃亡せず、命を賭け、あるいは重傷を負い、長い捕虜生活のあと帰還できた人たちなのだ」（『活動記録』）。

だが反対とはかかわりなく委員会の審議がすすみ、四月二四日に再び公聴会が開かれた。「議事録」（一二六号）にもとづいてその状況を述べてみよう。

専門委員として招じられたのは、バウマン、ギュンター・クネーベル（兵役拒否者福音主義援助協会事務局長）、ノルベルト・ハーゼ（ザクセン追悼記念館館長）、ペーター・シュタインバッハ（ドイツ抵抗記念館館長）、マンフレート・ブルンス（元連邦最高裁判所検事）、フランツ・ザイトラー（元ミュンヘン連邦軍大学教授）、アルミン・シュタインカム（ミュンヘン連邦軍大学国防法教授）の七人――ただしシュタインバッハとハーゼは欠席（意見書のみ提出）――。今回は提出資料をもとに、陳述は一人原則五分間、開催時間は二時間に限られた。ブルンス委員の出席はとくに男性同性愛者に関する意見陳述のためである。したがって委員構成からすれば、意見書提出二人を含めると「全国協会」関係者が過半数を占めている。

こうしたなかで公聴会は、陳述、質疑ともに前回のように荒れることはなかったが、相容れない立場のぶつかる場になった。

最初の発言はシュタインカム教授。彼はナチス不当判決破棄法の一括規定に新たな事実要件を導入するのは法的には賛成できないとし、一括復権に反対の立場を示した。次いで発言したのがザイトラー、彼の述べた内容はこうだ。

ニュルンベルク裁判ではそこまでは差し控えられたのに、いまや国防軍は犯罪的組織の烙印を押されている。他の国々はそうは見ていないのだ。将校の指揮権、軍律、刑事裁判権にもとづく国防軍の内的秩序は、基本的な原則であると思う。この原則は連邦軍にも妥当するのであって、これが損なわれないようにしなければならない。脱走兵の復権は連邦軍の基礎をも傷つける措置にほかならないのだ。

ザイトラーの、国防軍と連邦軍の違いを無視しナチス軍法をそのまま認めるような主張は前回の公聴会であれば、まだ擁護もされただろう。だが今回はただちに批判否定された。ブルンス委員（みずから同性愛者であると公表し、検事の職を辞していた）によってである。彼はまず同性愛者の不当判決について語った。

同性愛者はさきのナチス不当判決破棄法を「正しい重要な法律」であると歓迎したが、結果的にその関係規定は削除され失望した。今回法案に復活したことを喜んでいる。厳罰の対象としたナチスの判決は正義の基本原則を踏みにじったものであり、また通常の刑務所送りや強制収容所送りになった人々の迫害（その数五万人以上といわれる）はあまりに悲惨であった。復権はなにより人間の基本的な権利、人権の問題なのである。

こう述べたあと、脱走兵の処遇は自分のテーマではないが、法律家として「きわめて奇妙な議論」に驚いていると断ってから、語った。

「今日ドイツがはじめから犯罪的な戦争をした事実については認識が一致しており、コール前首相も繰り返し言明している。そうした戦争に参加してはいけなかったのだ。だから脱走兵は戦時下に国防軍を離脱しても、公平かつ適正に扱われる必要がある。どうしてそのことが連邦軍を傷つけることになるのか、理解しがたい。連邦軍は犯罪的な戦争をしてはいないし、そうするつもりもない。人は犯罪的な命令に従う必要はない――これが民主主義的な軍隊の基本だと我々は確認している」

脱走は臆病ではない

クネーベル、シュタインバッハ、ハーゼはあらためて一括破棄を主張した。ハーゼはとくに「痕跡しかとどめないような資料」にもとづいて検事が個別審査をすることは不可能であり、申請者にも屈辱感を与えるだけだと記し、シュタインバッハも脱走理由があまりに様々であるとして反対していた。注目したいのは、クネーベルが席上で脱走兵の「勇気」を強調したのと同じく、シュタインバッハも「脱走＝臆病」の見方を否定し、こう記していることである。

「ドイツの兵士は脱走兵のためではなく、厚顔無恥な戦争指導のために危険に晒されていた。したがって崩壊している前線を去った脱走兵が軍事的に重大な影響を与えた、と再三強調されてきたが、適切ではない。むしろ犯罪的な戦争に与すまいと、生死を賭けた脱走兵に対して敬意を示すときなのだ。脱走は臆病のゆえではない。思慮の結果なのであって、これを無責任とか仲間への裏切りなどとしてはいけない。脱走には責任と勇気が求められる」

バウマンの発言

最後の発言者はバウマンである。発言は長かった。委員長もそれを黙認した。バウマンはナチス軍司法の実態を知る者として思いの丈を伝えたかったのだろう。

彼は語った。クルト・オルデンブルクとの脱走による死刑判決に始まる拷問や軍懲罰収容所の苦痛や戦後の苦しみ、これと対照的な軍司法官の戦後の栄達のこと、脱走兵の九〇パーセント以上が前線ではなく、帰郷時や傷病休暇中に残虐と殺戮の世界に戻ることを拒否して逃亡したこと、さらに重要なのは前線が防御されているかぎり背後で無辜の人々が殺戮されつづけたこと、大量のドイツ人兵士がヒトラーの戦争を拒否していたら、幾百万の人間、市民、兵士が死ぬ必要もなかったこと、こうした事柄を真剣に議論してほしい、と。これを言い換えると、伝統的な「服従崇拝」（ヤン・コルテ）が最悪の悲惨な事態を生んだことに思いをめぐらせよということである。

さらに彼は話をすすめ、「戦時反逆」の破棄を求めた。それを彼はわかりやすい問いのかたちで表現した。「いったいナチス国家が企てた絶滅戦争にあって、この戦争に反逆することを有罪だと宣告する意義はあるのだろうか」。彼の問いは本来、ナチス司法不当判決の一括破棄のロジックからすれば、出されて当然の問いではあった。だが公聴会では問題提起に終わっている。

「改正ナチス不当判決破棄法」の成立

質疑では、ガイス議員がシュタインカムとザイトラーに質問し議員たちの注目を得ようとしたが、もはやザイトラー発言は説得力に欠けるばかりか批判の対象となった。むしろブルンス委員やバウマンに対して質問が集まり、共感も得られた。一方、個別審査の支持者、要するに脱走兵の復権に対する反対者は少数にとどまった。その後の司法委員会でも改正法案は原案どおりに採択され、本会議に送られた。

かくして二〇〇二年五月一七日、「ナチス不当判決破棄法に関する改正法案」はドイツ連邦議会本会議で社民党、緑の党、民主社会党の賛成多数により可決された。法の施行は七月二七日である。一二年間に及ぶ国防軍脱走兵の復権をめぐる、バウマンたちの議会闘争はついに決着した。だが補償問題は今後に残されていた。生存者は今では一五〇人の老人、「全国協会」の創設メンバーは六人にまで減った。僚友シュテファン・ハンペルも、副会長としてバウマンを支えたルイーゼ・レールスも亡くなっていた。

喜び・悲しみ・怒り

メディアの反響は大きく、新聞各紙は一斉に報じた。「連邦議会ナチスの脱走兵に敬意を表す」(『ターゲスツァイトゥング』)、「脱走兵復権する」(『フランクフルター・ルントシャウ』)、「脱走兵に遅すぎた償い」(『ベルリン新聞《ベルリーナー・ツァイトゥング》』) 等々。バウマンは記している。「我々はもう前科者ではなくなった。内面的に解放された。前科者の恥辱、さらに屈辱からの解放なのだ。……これまでの私がやってきたのは自分の尊厳のための戦いであり、再びこの尊厳を得たのだ」（『自伝』）。

だがそうした喜びには、悲しみと怒りが入り混じっていた。死刑囚独房、軍の懲罰収容所、懲罰部隊で生き残った少数の者たちは蔑まれ、誰にも見向きもされず、判決の破棄を知ることなく死んだからだ。このような複雑な感情はもちろんバウマンだけのことではない。『中部ドイツ新聞《ミッテルドイチェ・ツァイトゥング》』（六月四日）は「それでもなお屈辱感はある」の見出しでこんな署名記事を掲載している。

ハインツ・シムケは一九二〇年バルト海港湾都市ダンツィヒ（現ポーランド共和国、グダンスク）生まれ、八一歳。港湾労働者だったが開戦と同時に応召。配属されたデンマークで、ドイツ国内にレストランをもつ上官が軍の食糧を無断で彼の住所に輸送する命令を出し、それに抗議したために、いじめに晒された。シムケは脱走を決意実行し、同地のユダヤ人一家に匿われた。だが一家とともに逮捕され彼は死刑判決、エスターヴェーゲン軍懲罰収容所を経てトルガウ軍刑務所に送られ、さらに懲罰部隊に編入されて東部戦線に投入、右足に重傷を負ったが生きのびた。戦後ドイツ東部エルベ川沿いのマクデブルクに住む。結脱走兵という理由で東ドイツ時代もナチス犠牲者の補償を受けられず貧困生活を送る。結婚することができたが、毎夜自分が処刑される悪夢にうなされ今なお苦しむ。バウマンの「全国協会」の活動を知り、歩行が困難で病弱な自分の代わりに四〇歳になる息子が参加。「個別審査」の件には不快感だけがあったから無視した。今回、補償がどうなるかはわからない。彼は言う、「だがそんなことは関係ない、大事なのは自分に繰り返し起こった不当なことが不当だと認められたことだ、受けつづけた恥辱は今もなお心にあるけれども」。

（『活動記録』）

右のハインツ・シムケの思いはバウマンと同様に、生きのびてきた一五〇人の人々にほぼ共通していただろう。

「改正法」が成立したことで、長年「全国協会」を財政的に援助してきたハンブルク財団のヤン・レームツマは、支援の打ち切りをバウマンに告げた。それは最初にとりきめた約束であった。だがバウマンたちの活動はこれで終わったわけではない。彼が解決を求めた「戦時反逆」の問題が、依然として残されていた。それは亡き友ヨハン・ルカシッツの存在と固く結びついていた。バウマンが社会に復帰し生きる目標に定めた反戦平和運動の原点には、「戦時反逆の不通知」のかどで処刑されたルカシッツの無念の死がある。ナチス軍司法の不当判決破棄法に「戦時反逆」も含まれることで、友の復権が果たされ、バウマンの行動にも終止符が打たれることになる。それにはさらに七年の歳月を要した。最終節では、この局面について述べよう。

4 バウマン最後の闘い――調査研究書『最後のタブー』

活動の継続と戦時反逆罪

「改正ナチス不当判決破棄法」の成立後、二〇〇二年一一月二三日（土曜日）ブレーメン、シェーネベックで「全国協会」の年次総会が開かれた。会員は五六人、それにメッサーシュミットをはじめ学術顧問たちがいる。今回出席した会員は一二人、そのなかには七年前に入会して以来毎回出席しているイルムガルト・ジナーもいた。彼女の亡父はルカシッツを断罪した国家軍法会議高官ヴェルナー・リュベンである。出席者の誰もそのことを気にしてはいない。

前日、バウマンは前年二〇〇一年秋に再開された「国防軍犯罪展」での講演を終え、ミュンヘンから夜行列車で帰ったばかりである。演題は「反ナチ脱走は平和の希望」であったという。彼は疲れをみせず開会の挨拶に立ったが、今次の改正法に対する不満を隠さなかった。改正法の対象から戦時反逆罪が除外されていたからである。当然ながらこの問題にどう取り組むべきかが、会の重要課題となった。

バウマンは学術顧問たちに、なぜ戦時反逆が一九九八年の「ナチス不当判決破棄法」でも今回の改正法でも一括復権から除外されたのだろうか、と問いを投げかけた。これに現代史家兼ジャーナリストのロルフ・ズルマンは答えている。「戦時反逆罪は復権の法的措置がいまだに終わっていないことの象徴であり、この戦時反逆罪を否定する論拠となる研究を仕上げることが今必要となっているのです」。これを言い換えると、連邦議会を納得させるためには、ナチスの戦時反逆の判決の実態を明らかにした学問的な文書の作成が、顧問会の任務になっているということである。

こうして顧問会に軍事史研究所所員からフライブルク大学の現代史教授（一九九一年教授資格論文取得後私講師、一九九八年から員外教授）となったヴォルフラム・ヴェッテを中心とした研究プロジェクトのチームが生まれることになった。ちなみにヴェッテという人物。一九四〇年生まれ、アビトゥア取得後、連邦軍に入隊、陸軍通信部隊に六年在職（最終階級は予備役大尉）したのち、ミュンヘン大学において「平和研究」で博士号を取得し、メッサーシュミットのもとで軍事史を研究した異色の経歴をもつ。後述する調査研究書『最後のタブー――ナチス軍司法と〈戦時反逆〉』がその共同研究の成果である。

ここで問題の戦時反逆について、補足しておきたい。第Ⅰ章で述べたように、戦時反逆とはナチスの軍法では「戦場での国家反逆」を指し、〝国家と将兵に不利益をもたらし敵軍に有利になるような行為〟と理解されている。とはいってもその意味内容は曖昧であったから、軍法会議では恣意的に拡大解釈された。二〇〇二年の法案が用意されたとき、判決の実態はまだ解明されていなかった。そのため二月二〇日の「法案理由」でも、戦時反逆を「略奪」や「死体剝ぎ」のような一般の犯罪行為と同列に置き、検事のおこなう個別審査なしに復権はできないと記されていた（「連邦議会印刷資料」一四／八二七六）。

バウマンはそうした扱いを知っていたから、公聴会では絶滅戦争という大枠のなかで戦時反逆の意味を問い、破棄について言及していたのである。バウマンを支援する民主社会党も、司法務委員会では戦時反逆も含めるべきだと主張し、本会議でも戦時反逆の判決を破棄する動議を提出したが、支持を得られなかった。

改正法の成立以降、シュレーダー連立政権のもとで戦時反逆について再考する動きはない。与野党の対立の火種になるのを避けようと、改正法が成立したことをもってナチス不当判決問題に幕を引いた。これには政治状況の変化もあった。

同年九月に総選挙がおこなわれ、シュレーダー連立政権は「同盟」に辛勝した（第一五議会期、二〇〇二〜〇五年）。だがバウマンたちが頼った民主社会党は三六議席からわずか二議席に激減していた。しかも、バウマンと信頼を保ったグメリン司法相は辞任し、代わってニーダーザクセン州首相時代のシュレーダーの腹心の部下ブリギッテ・ツィプリース（一九五三〜）が後任となった――二〇〇五〜〇九年第一次メルケル内閣でも留任――。新司法相ツィプリースにも再改正に応じる考えはなかった。

活動する「全国協会」

さきに述べた「全国協会」の年次総会は、このように連邦議会、連邦政府とのつながりが絶たれたに等しい状況のなかで、今後の活動を討議していたのである。復権の立法化には時機の到来を待つほかなかった。重要課題となった「研究を仕上げる」にはもちろんそれ相応の時間がかかる。とはいえその間「全国協会」が何もしないということではなかった。

バウマンを中心に、「全国協会」はすでに二〇〇一年からブーヘンヴァルト強制収容所跡にナチス不当判決犠牲者の追悼碑をつくり、さらに多数の軍司法断罪者たちの眠るザクセン州トルガウの地に慰霊像を建立しようとするなど、種々の追悼のための活動を続けている。それは復権した犠牲者たちを、ナチスの過去を忘却しがちな社会にはっきりと示して記憶に留めおくために不可欠であったからだ。強制移送され犠牲となったユダヤ人の住居前の石畳の街路に、その事実を想起させるために埋め込まれた真鍮《しんちゅう》製プレートの「つまずきの石《シュトルパーシュタイン》」は、脱走兵のためにも設けられるようになった。

フォーゲルの創設した社団法人〈忘却に反対し民主主義を守る会〉は会員二〇〇〇人、三〇の活動支部を各地に擁する有力団体に成長していたが、「全国協会」はこの団体との協力活動を続けている。二〇〇三年からこの組織の代表はヨアヒム・ガウク（一九四〇〜、二〇一二〜一七年連邦大統領）で、元々旧東ドイツ、ロストックのドイツ福音主義教会牧師、市民運動支援などで緑の党とも密接なつながりのあった人物だが、「全国協会」の活動をフォーゲルとともに院外で支援する一人となった。

またバウマン自身もブレーメン、ハンブルクの青少年たちのために戦争の語り部として各種の学校を訪問している。それはネオナチの街頭行進や暴力がドイツ各地で多発している事態を危惧する諸学校からの要望であったが、彼にも「老若の極右が大手を振って行動する」風潮へのつよい危機感があったからでもある。日刊紙『ベルリン新聞』(二〇〇二年一一月一五日)は、彼がネオナチ運動の激しいブランデンブルク州の町ハルベに滞在し、生徒たちに連日戦争をテーマに補習授業をしている様子を伝えている。

転機が訪れたのは三年経ってからのことである。一年前倒しの二〇〇五年九月連邦議会総選挙の結果、今回は「同盟」(二二六議席)が社民党(二二二議席)に僅差で勝利し、この二大政党の大連立によりドイツ史上最初の女性首相、東ドイツ出身(ハンブルク生まれだが福音主義教会牧師の父ホルスト・カスナーの東ドイツ赴任のため移住)、キリスト教民主同盟のアンゲラ・メルケル(一九五四〜)内閣が誕生した。第一六議会期(二〇〇五〜〇九年)の始まりである。バウマンたちにとって好機となったのは、シュレーダー前内閣の新自由主義的路線に反発した、元党首オスカー・ラフォンテーヌ(一九四三〜)ら社民党左派系グループが離党して民主社会党との連合政党「左派党」を結成し、総選挙で自由民主党に次いで一気に第四党(五四議席)になったことである。これにより「全国協会」は連邦議会に活動を支援してくれる会派を得た。政権を離れた緑の党も五一議席を獲得し、バウマンと協力したフォルカー・ベックを介して、この党とのパイプも再び通じるようになった。ちなみにベック議員は連邦議会の年間活動計画や議院運営に携わる幹部議員（長老評議会員）であった。

『最後のタブー』の中間報告と政府の回答

すでに選挙戦のさなか、「全国協会」は明るいニュースに包まれていた。メッサーシュミットが長年の研究成果を六月はじめに刊行したからである。それは九月二九日の『ツァイト』紙で著名なホロコースト研究者ゲッツ・アリーが「最高傑作」と称え、さらに翌年六月二二日の『フランクフルター・アルゲマイネ』紙でも「基準的学術書」と評価された『国防軍司法一九三三～一九四五』（全五一一頁）のことである。すでにナチス軍司法について急速に研究が積み重ねられてきたとはいえ、今日なお定本とみなされるほど高い評価の研究書が完成したことで、復権活動の学問的な基盤が得られたのだから当然だろう。さらに翌二〇〇六年の三月には「戦時反逆」に関するヴェッテらの研究プロジェクトの中間報告も予定されていた。

バウマンは二〇〇五年一二月に左派党の新人連邦議員ヤン・コルテ（一九七七～）に支援を求める手紙を書いた。コルテは「非教条的な議員」（『シュピーゲル』）と評される議員、元々緑の党の熱烈な党員だったが、時のフィッシャー外相など党幹部が連邦軍のコソボ紛争参戦に賛同したことに失望して「左派党」に移った人物である。大学時代から歴史政策やナチス司法犠牲者の復権を研究課題にしてきたこともあり、バウマンとはすぐに打ち解け、親密な間柄にな

司法委員会代理委員ヤン・コルテ（連邦議会司法委員会名簿一覧ウェブアーカイブより）

った。「戦時反逆罪」破棄の立法化は、コルテ議員の努力によるところが大きい。彼は司法委員会の代理委員であった。

二〇〇六年、コルテ議員たち左派党はバウマンと連絡をとりあいながら連邦政府に、戦時反逆の判決破棄について政府の回答を要求する質問を提出した。これに対する六月一五日の政府の回答書がある。これに先立ってヴェッテらの調査研究の「中間報告」（三月二九日）が司法省に届けられていた。回答書には大要こう記されている。

戦時反逆は従来「暴力犯」の事案に位置づけられてきた。現在ではこのようにみなす根拠はまったくない。また「全国協会」代表者バウマン氏から三月三一日ツィプリース司法相に判決破棄について再考するよう文書で依頼があったが、四月二五日司法相からは二〇〇二年法は依然有効とされること、さらに「戦時反逆については（多数の兵士の命を危険に晒すほかに——対馬）様々の不法行為を犯しているおそれがきわめて高いため、たとえ戦時反逆が国際法違反の侵略戦争のさなかのこととはいえ、一括破棄とすることはできなかった」と回答されている。今回の質問では、この司法相の見解が多面的な見地から批判されている。

これまで《七月二〇日事件》の関与者たちと「戦時反逆者」には明白な違いがあった。《七月二〇日事件》の将校たちは絶滅戦争にかかわったとはいえ、ドイツの防衛力を損なわずに戦争の早期終結をめざしたことで、「模範」と評価されている。一方、後者については直接「敵」であるパルチザンやレジスタンスと一緒に行動をともにしたために、依然「犯罪者」とみなされている。

だがヴェッテ教授の研究プロジェクトの中間報告によると「事例のほとんどすべてが道徳的、倫理的もしくは政治的な動機にもとづいていること」が確認されている。したがって、「戦時反逆」を「略奪」や「死体剝ぎ」のような犯罪と同等視する根拠は乏しい。政府にはいまだ戦時反逆に関する確定した見解はない。メッサーシュミット教授の最近の研究が戦時反逆にも言及していることは、承知している。しかし現段階ではナチスドイツの絶滅戦争に対する反逆の是非については、具体的な個別事例によって答えるほかない。

（「連邦議会印刷資料」一六／一八四九）

これを読むと、政府としては依然として二〇〇二年法にもとづき個別審査の立場をとりながら、ヴェッテの研究プロジェクトの成果に期待を寄せているようにも思える。

政府のこうした姿勢を見ながら九月一九日、コルテ議員を中心に左派党は連邦議会に「ナチス不当判決破棄法」の再改正の動議と法案「ナチス不当判決破棄法に関する再改正法案」を提出した。それは、戦時反逆がナチスドイツの侵略絶滅戦争への抵抗反逆であること、(とくにヴェッテの研究の中間報告を援用して)断罪された人々が道徳的、政治的な動機で行動していたこと、この二点を論拠にしてナチス軍法の戦時反逆の関連規定五七、五九、六〇条を破棄しそれにより判決の一括破棄を求めるものである(「連邦議会印刷資料」一六／三一三九)。

左派党への反発

左派党が提出した議案は、最初から意図的に審議入りを延期された。コルテの協力者で党議会担当のエキスパート、ドミニク・ハイリヒ(一九七八〜二〇一七)によれば、与党会派の「同盟」と社民党だけでなく野党の自由民主党も拒否的な態度をとり、左派党の提出文書はまともに読まれなかったという。議事日程を審議する長老評議会の席上、右派グループを取り仕切るガイス議員が「六〇年も過ぎてなぜまたも一括破棄の議論が出てくるのか、今のままでなぜだめなのか」と不満を煽ったというが、緑の党を除く他会派の議員もこれに同調したためである。背景には左派党が連邦議会でイニシアティヴを発揮することへのつよい反発があった。

実際、本会議での一般討論がおこなわれたのはようやく翌二〇〇七年五月一〇日のことである。しかもガイス議員が「戦時反逆者は往々にして犯罪的な仕方で戦友たちを危険に晒し、敵に情報を流すなどして、戦友の命を奪うこともあったはずだ」などと中傷していた。これに同調して社民党、自由民主党の議員たちも法案に反対するなか、コルテ議員の提案発言を支援して緑の党フォルカー・ベック議員だけが、「ヴェッテの戦時反逆の実態に関する最近の研究」を挙げて賛成の演説をし、議案は規則により司法委員会に送付されている（「連邦本会議議事録」一六／九七、コルテ／ハイリヒ編『戦時反逆』所収）。

『最後のタブー』の刊行と内容

そこでベック議員のいう「最近の研究」についてである。ヴェッテたち学術顧問のプロジェクト成果は二〇〇七年七月はじめ、ヴォルフラム・ヴェッテ／デトレフ・フォーゲル編『最後のタブー――ナチス軍司法と〈戦時反逆〉』としてベルリンのアウフバウ社から刊行され、早速、上下両院の議会をはじめ教会代表者、報道機関に送られた。全五〇七頁からなる本書の「序文」でメッサーシュミットが、冒頭「この資料文書は立法者に対するアピールである」と記し、続いて党利党略、選挙の利益を最重視する議員の言動が、これまで復権問題の解決を遅らせたことを指摘するのも、審議がなんら進まない状況が念頭にあったからである。

さて、このインパクトのある表題をもつ『最後のタブー』は、一言でいうと、それまで知られていなかった「戦時反逆」に関する事実の報告文書である。それは三九件の判決文書（うち五件の起訴状を含む）とその他の記録文書、およびヴェッテたち研究者の考察部分からなるが、主たる内容は以下の三つである。

一つ。「帝国軍法典」（一八七二年）の「戦時反逆」はヒトラー独裁制のもとで全面的に変更され、従来の個別具体的な構成要件一切が省略された。それは「刑法九一条b（戦時下の国内外での利敵行為は厳罰に処す）にもとづき、戦場で国家反逆をなす者は戦時反逆のかどで死刑に処す」という条文（一九四〇年一〇月一〇日の軍法典・五七条）に集約された。当時最も影響力のあったエーリヒ・シュヴィンゲの条文解説書によると、平和主義者は戦時反逆者とされ、独ソ戦以降には戦時反逆にボルシェヴィズムに対するあらゆるかたちの援助が含まれた。そのため共産主義的な思考やソ連軍捕虜との接触も処罰の対象となった。さらにこの不明瞭な条文が逆に恣意的解釈を容易にし、軍司法官は「法という名の剣」をもって多種多様な逸脱・反対行動を苛烈に処断した。

二つ。戦時反逆について軍司法官は「二重基準」を適用した。反抗する一般庶民の兵士には極刑を下す一方、将校には軽い処罰を科すかあるいは処罰しなかった。つぎの例はその典型である。すなわち独ソ戦でソ連軍に投降し、その後「自由ドイツ国民委員会」と「ドイツ将校同盟」に参加、ヒトラー打倒の行動をとった捕虜将校約三〇〇人に対して、国家軍法会議は戦時反逆のかどで捜査を開始したが、結局訴追しないまま終わった（事が公になると軍隊内に不穏を招くことを恐れたからだという）。中心人物とみなされたフォン・ザイトリッツ＝クルツバッハ将軍はすでに欠席裁判で死刑判決を受けたが、一九五六年ニーダーザクセン州フェルデンの地方裁判所でその判決は破棄されている。

一方、フォン・ザイトリッツ＝クルツバッハ将軍たちの行動に呼応したとみなされた第二一六突撃戦車大隊の若い兵士たちは、多くが処刑され、関与しなかったヨハン・ルカシッツ上等兵まで、告発しなかったかどで断罪されたが、こうした判決は今日も妥当とされている。

三つ。フライブルクの連邦文書・軍事資料館が保管する三軍の軍法会議判決の記録文書を調査したが、戦時反逆に関する該当事例はなかった。そのため通常、戦時反逆を所管する国家軍法会議の判決を仔細《しさい》に検討し、三九件を該当事例として抽出した。この戦時反逆のかどで断罪された六八人の行動は、①政治的抵抗、②反ナチ的心情、③迫害されたユダヤ人との連帯、④捕虜の救助、⑤パルチザンへの寝返り、⑥やみ市での不正など、多様である。

右の類型化された行動を判決から見るかぎり、「ローテ・カペレ」の主導者シュルツェ＝ボイゼンやアルヴィト・ハルナックなど一二人を含む二七人だけが、積極的な政治的抵抗者であり、一九人はナチスに対する抵抗をつよく意識することなく違法な行動をとった。残りの二二人には元々反ナチスの意識は乏しい（彼らは大逆罪や国家反逆については知っていても、戦時反逆が何を意味しどんな処罰が威嚇としてあったかさえよくわかっていなかった）。しかし違法行動に走った彼らの大半は、今次の戦争を憎み、上官の勝手な行動や命令に抗して、捕虜に人間的に接し、迫害されたユダヤ人を助けようとした。さらには脱走して、パルチザン側に投降するか行動をともにした（参考として脱走兵シュテファン・ハンペルの行動も挙げられている）。

そうしたユダヤ人救援の行動に、こんな事例もある。一九四四年五月三日、二人の兵士が軍のトラックにユダヤ人一三人を匿い、わずか一ペンゲ（ハンガリーの貨幣単位）の報酬で（だからほぼ無償といってよい）ハンガリーからルーマニアに逃がそうとしたが、国境検問で捕まった。運転助手席の兵士は友を捨てて逃げることもできたが、そうしなかった。二人は五月九日死刑を宣告され、裁判権者の陸軍総司令官は即刻処刑を指示した。それは「ユダヤ人密輸」の行動として全軍に通知された。

ヴェッテはこう結論づけている。戦時反逆というと〝軍の機密の背信的な漏洩《ろうえい》〟を連想させるが、ほとんどの事例はそうした行動ではなく、政治的な動機あるいは道徳的倫理的な動機による行動であった。一面的な記述のように思えるナチス軍司法官の文書からでさえ、それが読みとれる。客観的に見て、彼ら戦時反逆者は元々「多数の兵士たちの生命を危険に晒すようなこと」を考えてはおらず、記録の文書からもそうした行為はうかがうことができなかった（『最後のタブー——ナチス軍司法と〈戦時反逆〉』およびヴェッテ『栄誉』）。

『最後のタブー』の影響

『最後のタブー——ナチス軍司法と〈戦時反逆〉』は、二〇〇七年のうちに「連邦政治教育センター」（ナチス時代の反省に立って民主主義教育を推進する内務省所管の施設）から廉価版としても刊行された。同センターの刊行書籍はひろく読まれる推薦図書であったから、それだけ本書の反響は大きかったことになる。すでに編者ヴェッテは公刊一月前の六月九日にはケルンでのドイツ福音主義教会の信徒大会で、連邦議会の審議の遅れに言及しながら、本書について講演していた。

　また刊行にあわせてバウマンとメッサーシュミットは、元社民党党首フォーゲルの積極的な協力も得て、六月二一日からベルリンを皮切りに移動展示会「〝当時適法であったものが……〟──国防軍軍法会議に裁かれる兵士と市民」を開催している（それはケルン、ブレーメン、ミュンヘン、ハレ、フライブルク、キールを巡回し二〇〇九年一月までおこなわれた）。

『最後のタブー』を手にもつメッサーシュミット（左）、バウマン（中）、フォーゲル（2007年ベルリン・ドイツ劇場にて）(*»Was damals Recht war...«*)

　ベルリンでの展示会に臨んだツィプリース司法相は、党の大先輩フォーゲルやバウマン、メッサーシュミットを前にこう挨拶した。「ナチス司法は政敵を抹殺する武器であり、軍司法は犯罪的侵略戦争をできるだけ長引かせるための道具となっていたのです。（中略）このたびの調査研究書がきっかけとなって、戦時反逆による有罪判決も一括して破棄されるべきではないか、新たに議論されねばならないと考えています」。

ツィプリース司法相は以前には法の再改正には否定的であった。だがこの時点での発言は、単なるリップサービスではなく、実際に入手済みの著書を読んで考えをあらため、法を再改正する積極姿勢に転じたと見るべきだろう。メディアもこの発言と移動展の開催を機に戦時反逆に注目し、盛んに取り上げるようになった。

以上のような動向を踏まえて、連邦議会の司法委員会はどのように対応したのか。議員全員に送付された著書について、メッサーシュミットは早く法案審議に役立ててほしいと熱望したが、容易に事は運ばなかった。左派党の法案の審議入りは、協力できないとする多数派会派によって、とにかく引き延ばされた。これについては後述しよう。ようやく決めたはずの一一月七日の委員会審議は一週間遅れの一一月一四日におこなわれ、二〇〇八年五月五日に公聴会を開催することだけが議決された。この間、半年間法案の審議はない。

遅々として進まない委員会の状況をコルテ議員(法案の報告者)の協力者ハイリヒは、ほぼ毎週バウマンに伝えていたという。左派党の法案提出は二〇〇六年九月、最終決着を見るのが二〇〇九年九月のことだから、三年間もバウマン、コルテ、ハイリヒは我慢し耐え抜いた。そうしたなかで公聴会は、バウマンと学術顧問たちが議会に訴える唯一最後の機会となったのである。

最後の公聴会

公聴会のテーマは、いまや知れ渡った調査研究書『最後のタブー』の戦時反逆問題である。

専門委員はバウマンを含め七人、ハイリヒによると、バウマン、メッサーシュミット、ヴェッテは社民党から（バウマンは当初左派党の推薦であったという）、元ブラウンシュヴァイク上級地裁判事ヘルムート・クラマーは緑の党から、ポツダム連邦軍軍事史研究所（前身フライブルク軍事史研究所）研究部長兼フンボルト大学名誉教授ロルフ＝ディーター・ミュラー（一九四八〜）は「同盟」（ガイス議員の推薦）から招かれた。他のマインツ大学歴史学教授ゼンケ・ナイツェルとハム上級地裁検事長シュテファン・ベーナーを推薦した会派は不明である。

提出資料による一人一〇分の陳述は、バウマンから始まった。彼は大要つぎのように語った。

専門委員として公聴会に出席したヴェッテとクラマー（W. Wette (Hg.): *Recht ist, was den Waffen nützt*, 2004）

つい最近まで連邦議会も連邦政府も戦時反逆者を略奪や死体剝ぎをする犯罪者と一緒くたにして扱ってきた。このたびの調査研究によって彼らがナチスに加担した犯罪者ではなく、ほとんどが政治的、倫理的な動機で行動したことが明らかにされている。にもかかわらず、いまだに蔑視されている。もし仮に、反逆罪で処断された《七月二〇日事件》の人々を今日犯罪人だと呼んだりしたら、大きな問題になるはずである。考えてほしいのは、両者はともに人間的にまた同胞意識から行動したということである（こう語るバウマンには、「ドイツ抵抗記念館」の追悼式典で心を傷つけられた苦い思い出があった）。戦時反逆は戦争を嫌悪し平和を願う行動である。戦友の命を危険に晒したと判決の破棄を拒む人々は、いまだにナチスの過去とその犯罪に距離を置かない人々だというほかはない。

（「公聴会議事録」九八号）

バウマンにすれば亡き友ルカシッツの名前こそ挙げなかったが、ようやくにして断罪の不当性が調査研究によって明らかにされたはずであった。メッサーシュミットをはじめ調査研究を分担したヘルムート・クラマーもその立場から、戦時反逆規定の破棄の必要性を強調した。ところが、それを真っ向から否定する陳述が、軍事史研究所のミュラー教授から出た。彼はメッサーシュミット、ヴェッテと旧知の間柄であった。メッサーシュミットが研究所在職中に立ち上げた研究プロジェクト「ドイツ国と第二次世界大戦」に彼も参加し、やがてその中心メンバーとなり、二〇〇八年に同名の叢書全一〇巻の最終巻を彼自身執筆している。それだけにミュラーにはつよい自負心があった。

ミュラーはそうした自負心をむき出しにして、ヴェッテに批判を浴びせ、「彼ら反逆者が軍の機密の漏洩を含め、とくに略奪や強姦のような犯罪を犯しているのは疑いの余地がない」と断定した。またヴェッテらの調査報告についてもこう総括した。「軍事史的に見て、私は戦時反逆の問題に何一つ新たな学問的な知見を得られなかった。ヴェッテ教授の集めた事例は、通常のものでなく例外的なものと思われる。一括復権するとなると、復権が当然な事例を本来それに値しないものとも一緒くたにすることになるだろう。ちなみに私の提出文書にはそのふさわしくない事例がいくつか示されている。ヴェッテ本《ぼん》には見当たらないので、ここでもう一度、極端な例だが〝フォイヒティンガーの事例〟を伝えておきたい。このナチスの将軍（中将）を抵抗者として復権させたら、それこそスキャンダルになるだろう」（同九八号）。

これに対して最後の発言者ヴェッテは、『最後のタブー』の調査方法とその正当性を詳しく説明し、あらためてミュラーとは異なる解釈を、庶民兵士なりの抵抗の行動を例にとって語っている。その後の質疑応答は当然この領域に集中することになった。

ところで、ミュラー発言に疑問を抱いたのはヘルムート・クラマーである。ミュラーは提出文書でも、「将軍エドガー・フォイヒティンガー（一八九四～一九五六）が、軍の車を燃料ごと私物化して南米出身の踊り子の愛人とドイツ中を旅行しただけでなく、彼女にアルデンヌ攻撃中の任務や軍の機密の情報を伝える手紙を書いたために、国家軍法会議で一九四五年三月一九日戦時反逆のかどで死刑判決を受けた」と記していた。だがクラマーには終戦直前に国家軍法会議がそうした判決を下せたかは疑わしかったから、判決のコピーかせめて関係資料を示すようにミュラーに求めた。だがミュラーは「応じられない」と答えている。いったんこの件は終わった。

公聴会は元連邦最高裁判事の副委員長ヴォルフガング・ネスコヴィッチ（左派党）の司会でおこなわれたが、結局一括破棄か個別審査とするか、方向性を見出せないまま二時間半余りで閉会となっている。事情は不明だが、公聴会には本来主宰すべき委員長のアンドレアス・シュミット（キリスト教民主同盟）に加え、主要メンバーの「同盟」の司法部会長ユルゲン・ゲープ、報告者に予定されていた元部会長のガイスも欠席している。なんとも異常というほかない。

歪められた陳述

公聴会が終了して五月二六日、クラマーはミュラーにあらためてコピーの件を手紙で尋ねると、フライブルクの連邦文書・軍事資料館を紹介された。クラマーが同館にフォイヒティンガーの件について問いあわせると、六月一六日「そうした事実はなく、一九四五年一月二六日に予備軍に移動させられている」という返事があった。そこでクラマーはあらためてそれを文書でミュラーに伝え、彼にきびしく問い詰めた。とうとうミュラーは「自分の知識は元国家軍法会議裁判官A・ブロック博士が語ったことを拠り所にしていた」と認めた。しかも、フォイヒティンガー（一八九四～一九六〇、一九五六年死亡は誤り）は軍の自動車の私的使用による愛人との旅行を訴追され、一九四五年二月（三月ではない）に国家軍法会議で国防力破壊のかどで死刑判決を下されており、機密漏洩による戦時反逆などではなかった。さらに、彼はすでに「ナチス不当判決破棄法」によって復権していた。

クラマーはこの事実を一〇月一六日、公聴会の専門委員と司法委員会のメンバー全員に手紙で伝えた（ハイリヒの記述ではミュラーの典拠はマインツ大学のナイツェル教授の著作だとされている）。だがすでに公聴会でミュラーのいう「極端な例」は『シュピーゲル』誌（八月一八日）に鵜呑《うの》みにされ掲載されていた。権威ある地位の歴史家の発言として信頼されたのだろう。そこでクラマーはさらに政治・文化・経済に関する隔週誌『オシエツキィ』（一一月一五日）に、《政治に仕える歴史の歪曲》の表題で、あらためて事の次第について大要つぎのように記し、手厳しい批判をおこなっている。

戦時反逆の諸規定の一括破棄を求める左派党の動議に対抗するために、反対派は今日の尺度でも正当と思える判決を必要としていた。一括破棄に反対の理由を語れる事例が一つでもあれば、いかにも正しいことのように世間によそおうこともできるからだ。ミュラーはそれにふさわしい判決の事例を提供した。要するに、彼は司法委員会を欺くためにフォイヒティンガー将軍の判決を「捏造《ねつぞう》」したのである。すでに破廉恥な将軍を復権させておきながら、戦時反逆の犠牲者を放置しつづける理由はないはずである。ミュラーはこれによって学問的にいかがわしい姿を自分自身で示したことになる。望むらくは、学生たちのために学問的に誠実であらんことを。

クラマーの手紙と批判は、司法委員会全体にとって衝撃となった。シュミット委員長は元来反左派党であったが、ミュラーについて「専門家の意見は『同盟』の立場を自動的に反映したものではない」とその後『シュピーゲル』誌（二〇〇九年一月二六日）に語っている。だが委員長がいかに取り繕おうが、ガイス議員ら強硬な保守グループに大きな痛手となったことは確かである。ミュラーの発言が彼らの立場に沿っていたことは、誰もが知るところであったからだ。

付言すると、ミュラーの失敗は、すでに二〇〇五年に刊行されていたメッサーシュミットの『国防軍司法一九三三〜一九四五』を軽視していたことにあるようだ。同書一二九頁から五頁にわたる「将軍たちへの判決」の項目にフォイヒティンガー将軍が国防力破壊のかどで断罪されたことが資料にもとづき明記されていたからである（前述の叢書一〇巻に軍司法をテーマとした単独の巻がない理由を、クラマーは、ミュラーが「軍司法の残忍な実態」の叙述を避けたためだと記している)。

もはや「同盟」には表立って戦時反逆の諸規定の一括破棄に反対する理由はなかった。あるのは、社会主義国生まれの主義主張の異なる左派党が連邦議会でイニシアティヴをとり、成果を上げることを阻止したいという思惑だけである。そのために、これまでと同様に、左派党を嫌う社民党司法部会のメンバーで個別審査を唱える党内右派のカール＝クリスチャン・ドレッセルと自由民主党を巻き込んで、法案審議を棚上げにする延期策をとりつづけた。ちなみに法案審議に関するシュミット委員長の報告書(二〇〇九年五月一三日)によると、公聴会以後翌二〇〇九年五月六日まで休会が五回、その都度審議の棚上げに対する左派党と緑の党の反対を押し切って休会が決められている(「連邦議会印刷資料」一六／一三〇三二)。

翻弄される法案

司法委員会の法案審議を棚上げにする措置は、当然のことだが、そのまま見過ごされることではない。多くのメディアは連邦議会について批判的な報道をつよめていた。

たとえば全国紙『南ドイツ新聞』の電子版(二〇〇八年五月六日)は「バウマン最後の闘い」の見出しで、戦時反逆のシンボルともなったルカシッツ上等兵を例に、その復権を政治、連邦議会が阻んでおり、キリスト教社会同盟のノルベルト・ガイス議員とツィプリース司法相がその中心人物であると位置づける長文の批判記事を掲載している(『活動記録』)。だが実際は、ツィプリース司法相自身は戦時反逆の一括破棄に積極的で、審議を進めない司法委員会に苛立《いらだ》ちを募らせていた。社民党議員のあいだにも不満が高じていた。ただ「同盟」との連立関係に亀裂を生じさせたくないというだけである。

さきの二〇〇九年一月二六日の『シュピーゲル』誌によると、ツィプリース司法相はコルテ議員に「連立政権が独自に法案を提出できるように左派党案を取り下げられないか」と打診し、これをコルテがギージ党議員団長（＝議会のリーダー）に伝えると「全会派が共同で復権の新たな提案を出すのであれば、そうしよう」と答えたという。だが、「同盟」はこれに応じなかった。

こうした膠着状態はどのようにして打開されたのか、何がその転機となったのだろうか。議会内の動静を詳細に記録したハイリヒの記述をもとに、要点を記そう。

まず、さきの公聴会以来、社民党の若い議員たちも「同盟」主導の個別審査の主張が破綻していることを理解していた。これにくわえ緑の党だけでなく社民党にも信望のあったヨアヒム・ガウクが公聴会に関する所見を司法委員会の全員に送付したことが、大きく影響したようだ。ガウクはこう記している。「軍司法により〝戦時反逆者〟として断罪処刑された犠牲者や今も生きている少数の遺族たちが、戦後六三年経っても犯罪者、裏切り者とされてきた不名誉を取り除くことは、我々の責任であるはずだ」

これによりガイスやドレッセルの話は無視されて、社民党若手の長老評議会員で弁護士クリスティーネ・ランプレヒト（一九六五〜）が中心になって、緑の党の議員で弁護士ヴォルフガング・ヴィーラント（一九四八〜）、左派党のコルテとも連絡をとり、戦時反逆をテーマに談話会がつくられた。この談話会は超党派の「グループ法案」の署名集めを始め、左派党案とほぼ同一の「ナチス不当判決破棄法に関する再改正法案」（六月一七日）を作成した。法案署名の名簿を見ると、コルテを筆頭にランプレヒト、ヴィーラントが続き、総勢一七一人が署名し、前司法相のドイブラー＝グメリン、緑の党のフォルカー・ベック、左派党のギージ、ラフォンテーヌ、さらには自由民主党と「同盟」の議員もいる（「連邦議会印刷資料」一六／一三四〇五、コルテ／ハイリヒ編、前掲書所収）。

こうした動きと相まって、「同盟」のなかでも従来の立場の見直しがおこなわれるようになった。EKD評議会議長ヴォルフガング・フーバー（一九四二〜）の批判（「過去の清算の最後のタブーを放置するな！」）や、きびしい世論に抗しきれなくなっていたためだろう。だが決定的なきっかけとなったのは、元連邦憲法裁判所判事でキリスト教民主同盟の政治家ハンス・H・クライン（一九三六〜）が司法省の研究委託を受け、政府に「ナチス軍法典の戦時反逆の条項は法治国家の諸原則と相容れない」と、はっきり具申したことだという。もはや左派党の法案だからといって無視してはいられなくなっていたのである。

「同盟」の執行部も方針を変え、急遽一括破棄法案の作成に着手した。ガイスたち強硬派の主張は斥けられた。いまだ党内基盤の弱いメルケル政権ではあったが、選挙を前に世論に逆らってまで懸案を先送りすることは避けねばならなかった。

すでに第一六議会期の最後の週(六月二九日〜七月三日)が迫っていた、そのあとは総選挙一色となる。通例休会となり夏季休暇の予定であったが、期間を九月八日までとする特別議会の日程が定められた。「同盟」と社民党の連立与党の法案が本会議に上程されたのは七月一日のこと、法案には自由民主党と緑の党も共同提案者として署名したが、「同盟」のつよい要望で左派党は除かれた。そのため左派党も単独で法案を提出した。

連立与党の法案は当該委員会での審議を経て八月二六日、本会議に送付された。左派党の法案と「グループ法案」は保留となったが、具体的内容についてみると、三つの案に違いはない。

この日、法案をドイツ戦後史に画期をなすものとして注目する外国特派員協会の招きで、バウマンとコルテは国防軍、軍司法、戦時反逆について語っている。ここでは日本を含む一三カ国余から出席した二〇人のジャーナリストとの質疑があったという。

こうして二〇〇九年九月八日、本会議最終日、バウマンが身守るなかで「ナチス不当判決破棄法の再改正法案」が審議されるのである。

連邦議会本会議での議決

そこでまず法案についてである。趣旨は以下のように簡単明瞭である。

軍法典五七、五九、六〇条にもとづく戦時反逆の判決は破棄されずにきたが、その問題性が近年の研究『最後のタブー――ナチス軍司法と〈戦時反逆〉』によって解明され、さらにクライン教授の鑑定意見によってもそのことが確認されている。この理由によりナチス不当判決破棄法の添付の諸規定に戦時反逆関連の規定を含めることを提案する。

（『連邦議会印刷資料』一六／一三六五四、コルテ／ハイリヒ編、前掲書所収）

九月八日朝バウマンはブレーメンを電車で発《た》ち、昼前にベルリンに着いた。暖かい日差しを浴びながら、これまでずっと連絡をとってきたドミニク・ハイリヒの案内で、コルテ議員のオフィスに行き、本会議の始まるのを待った。午後五時少し前、第三議題となった法案審議の開始を本会議場の傍聴席のドアの前に立ってじっと待っていた。こうハイリヒは語っている。バウマンはまもなく八八歳になる。彼は物思いにふけっていた。生きのびて郷里ハンブルクの土を踏んだのは、もう六四年も前のことになる。絶望の人生から立ち直って、この日この時を迎えたことに、深い感慨があっただろう。

「ナチス不当判決破棄法の再改正法案」の審議が始まった。全会派議員の発言があった。

最初は社民党のドレッセル議員、変わり身が早いというべきか、彼は司法委員会で法案が議決され、ヴェッテ教授の『最後のタブー』にいう、「最後のタブー」が破られたと成果を称えた。次いで自由民主党議員マックス・シュタッドラーも、長年の懸案がこの議会期最終日に意見の一致を見ることができ、法治国家としての証ともなったことを強調した。ガイスに代わって登壇した「同盟」のユルゲン・ゲープは、今回の法案が「同盟」、社民党、自由民主党の主導によるものであるとし、左派党を除いたことの弁明に努めた。

左派党、社民党、緑の党の拍手に迎えられ、コルテ議員は、今日の大事な出来事として、「全国協会」代表バウマンが臨席していることを紹介し、彼のこれまでの労を称えた。続いて緑の党のヴィーラント議員も、バウマンの同志たちが復権を知らないまま死んだことに触れ、彼の長きにわたる活動なくして今日という日はなかったとして演壇から挨拶をおくり、さらにコルテ議員の法案成立のための不断の努力と、社民党のランプレヒト議員が協力して活動した労苦を語った。

最後にランプレヒト議員は、ナチス時代の最後の犠牲者グループの復権がついに議決されること、数週間前までだれもそうなるとは思わなかっただろうと述べ、この長きにわたる議論の成果が将来も維持されることを願うと、発言を締めくくった。

議場は拍手につつまれた。

議長は表決に移った。「表決の挙手をお願いします。反対なしと認め、法案は全会一致で議決しました」。午後五時三二分であった（「本会議議事録」一六／二三三、コルテ／ハイリヒ編、前掲書所収）。

閉会後バウマンは日刊紙『ベルリン通信《ベルリーナー・クリール》』の記者に答えている。「まだ信じられない気持ちです」。彼は幸せだった。だが悲しかった。この日を、「全国協会」の創設時から苦楽をともにした他の三六人の同志たちの誰一人とも分かちあえなかったからである（『活動記録』）。

バウマンは八日のうちに電車でブレーメンに帰っていった。子どもたちや孫たちに今日の出来事を伝え、さらにトルガウに眠るナチス軍司法の犠牲者たちの慰霊の像を早く完成させるためである。

むすび

以上、久しくタブー視された脱走兵問題をルートヴィヒ・バウマンの体験と行動の軌跡を中心に置きながら述べてきた。それは第二次世界大戦下の極限状況を生きのびた反ナチ青年が、絶望の人生から立ち直り、元脱走兵を「人間」として復権させようとする長期の活動を跡付ける作業であった。

この作業では、ナチス軍司法＝軍法会議の実際を探ることを手始めに、戦後ドイツにおけるナチス軍司法の実態の歪曲、その批判的な研究の進展と司法の変化、さらに立法府によるナチス軍司法の全面否定という四つの局面を、バウマンの行動と重ねあわせて記述するように努めた。結果、本書は起承転結の展開となった。

バウマンは文字どおり、ナチス軍司法の生き証人である。理由の如何《いかん》を問わず、元脱走兵は戦後も長い間罵倒され迫害された。社会の片隅で身を潜めて生きたバウマンが、平和運動にとどまらず復権活動を主導するのは一九九〇年、七〇歳に近い。多くの場合、老いを自覚しあるいは第一線を退く年齢だろう。だが、バウマンの活動はこのときから始まった。彼が強靭な心身の持ち主であることは確かだが、なによりも生きるための目標がしっかり定まったからである。その原点には友ルカシッツの理不尽な刑死と同郷の友クルト・オルデンブルクの死を無駄にすまいという決意がある。確固たる目標があったから、その後一九年間を一筋に活動しつづけることもできた。

一方で復権活動は時間との戦いでもあった。あまりに時間がかかった。「ナチス軍司法犠牲者全国協会」の創立者は三七人であったが、最後まで生き抜いたのはバウマン一人という事実に示されている。

そこで、復権活動を可能にした研究による支援という形式についてである。筆者は、戦後史とりわけナチス支配の過去の清算にかかわるドイツの政治が反ナチ運動の研究成果と密接な関係にあり、その研究の成果を受容して文化政策・歴史政策（具体的には歴史教育・政治教育）がつくられてきたと理解している。これを言い換えると、それだけ人文系諸学が今なお現実政治においても重要な存在となっているということだ。それを支えるのは「知」を尊重する歴史的伝統と風土だろう。

二〇〇九年に「ナチス不当判決破棄法の再改正法」が可決成立したと知ったとき、きっとその陰には研究支援があるはずだと思い、ずっと気にかけていた。その後二〇一六年一〇月バウマンと一時間半余り面談する機会を得て、このことについて詳しく尋ねた。すると、当然のことのようにその事実を語ってくれた。「全国協会」活動と学術顧問たちには共同体的なつながりがあり、協働してナチス軍司法に関する移動展示会を開催し、陳情のために官公庁や議会に行く場合も、メッサーシュミットはじめヴェッテやシュタインバッハなどが同行し発言し擁護したという。本文にも記したが彼らは行動する学者であった。だが同時に猛烈に研究にも励む。有能多才というほかない。

バウマンの説明に得心がいったから、本書のような筋立てができた。終戦後、歪曲されたナチス軍司法の姿が鵜呑みにされてきたが、その実態が逐次明らかにされ、それらが蓄積されて人々に共有された知識となっていく、その連鎖にかかわることは研究者にとって喜びである。だから歴史家だけでなく法学者さらには教育学者もこの問題にかかわった。バウマンたちの復権活動を支えそれを前進させた基本は、まさにこの点にあると思う。

戦争世代が退いたことと相まって、ナチス軍司法の究明は一九九〇年代以降二一世紀を迎えて急速にすすんだ。メッサーシュミットを第一世代とすれば、第二、第三の世代となった研究者全体とバウマンたちとの長期にわたる協働が、世論を納得させ味方にし、司法を動かし、ついに連邦議会においてナチス軍司法を全面否定させたのである。

こうしたナチス軍司法の実態を暴いた研究支援は、軍法会議で断罪された人々の「裏切り者」のイメージとは異なる姿を浮かび上がらせるものともなった。今日観光名所となっているベルリン中心部のドイツ抵抗記念館は反ナチ運動研究の拠点だが、一九五〇年代に《七月二〇日事件》が復権して以後、しだいに社会エリートではなく、それまで無視されてきた無名市民のグループや個人の反ナチ活動にも光が当てられていく。「抵抗」概念が、包括的に反ナチズムの倫理的行動（市民的勇気）という視点からとらえられるようになったからである。軍法会議で断罪された人々も、この視点から見直されていった。

彼らの断罪された行為とりわけ脱走は、時代を越えてどこの国にでもありうることだ。未曽有の侵略・絶滅戦争という独裁者ヒトラーの戦争であったから問題なのである。だが一方で、脱走兵が公権力に背く存在、軍隊組織とその秩序を逸脱する存在であった事実に変わりはない。それだけにアデナウアー時代から彼らは意図的に、ナチズム問題とは切り離されて、捨ておかれた。それも社会の底辺に生きるだけではなく、国家、社会からも否定される存在として、である。たとえて言えば、彼らは「二重の底」に押し込められた。だからバウマンは「尊厳なくして人は生きられない」と訴えつづけた。

それほどまで彼らは迫害され疎外されていたからこそ、バウマンとメッサーシュミットは彼らを「全国協会」に糾合し、「二重の底」から引き上げようと苦闘した。この行動の基本にあるのは、彼らがナチスにとっては犯罪者であっても、ヒトラー戦争に加担することを拒否したごく普通の人々だという認識である。連邦議会の公聴会でも学術顧問たちがこぞって、侵略・絶滅戦争のさなかにあって彼らの行動を突き動かしたものが、臆病ではなく勇気であり、倫理的動機による戦争拒否、庶民兵士なりの抵抗の行動であったと強調するのも、バウマンたちと同一の認識に立っていたからである。その意味では、彼ら不当判決の犠牲者は自分自身の抱く

2010年５月に建立されたトルガウ元軍刑務所正面横の追悼モニュメント。横たわる死者の石台座の横にルカシッツの言葉「二度と戦争をしてはいけない」が刻印されている（筆者撮影）

規範に正直な人々であった。本文からそのことが読みとれたと思う。

ところでバウマンは二〇〇九年以降どうしたのか。彼は国防軍最大の刑務所トルガウ（一九九〇年からザクセン州の刑務所だが、現在は青少年の矯正施設となっている）の正門横にナチスの軍司法犠牲者だけの追悼像を建立する懸案の事業を、翌二〇一〇年五月に実現させたあと、各地に脱走兵その他のナチスの軍司法犠牲者の追悼記念碑を建設するために精力的に行動した。ハンブルクに完成した追悼記念モニュメントの除幕式を、彼は二〇一五年一一月ハンブルク市長とともに祝っている。

最も気にかけていた亡き友クルト・

オルデンブルク追悼のために、彼はすでに二〇〇九年七月、クルトの住んだハンブルクのヴァンズベクに「つまずきの石」を設置していたが、さらに二〇一六年九月にはハンブルク市内東部に新しくできた通りの名を「クルト・オルデンブルク通り」と命名するために尽力した。

この間、バウマンはハンブルクを中心に、青少年たちのため学校での講演や夕べの語らいを

（上）ハンブルク市シュテファンプラッツに作られた脱走兵追悼モニュメント。内部に処刑された人々の説明コーナーがある
（下）ハンブルク市内東部の団地入口に建てられている「クルト・オルデンブルク通り」の標識
（いずれも筆者撮影）

ほぼ定期的におこなっている。彼が嬉しそうに読んでくれた女子生徒からの感想文がある。

親愛なるバウマンさん

時代の証人の方から直接お話を聞くことができて本当にすばらしかったです。私たちはこれまで、人間が時代のなかでどう生きてきたかを、歴史の本やその他の本で読んだりし、聞いてもきました。でもバウマンさんは歴史を、いえ、あなたの人生を語ってくれました。私の心は感動にふるえつづけました。私は、あなたが当時どのように生きたか、生きなければならなかったかを知り、本当に心が引き裂かれる思いでした。その光景が目に浮かびます。怖かったです。……あなたが笑ったのが嬉しかったです。あなたの微笑《ほほえ》みがお顔に広がるのを見て、私のなかに何かが生まれ、幸せな気持ちになったからです。バウマンさんの最後の願いを実現するために、できることをすべてしようと思います。クラスの生徒たちと一緒に脱走兵の追悼碑が建立され、彼らを幸せにするために、できるすべてのことをして参ります。

（『自伝』）

ルートヴィヒ・バウマンは二〇一八年七月五日、逝去した。享年九六。妻ヴァルトラウトとともにブレーメン、グランプケ教区の墓地に眠る。

あとがき

筆者の父は終戦前年の一九四四年末に応召し、一九四九年秋シベリア抑留から復員した。そのころの父の思い出はほとんどないが、いまも鮮明に残る記憶がある。夕食後の父の話はいつも、苛酷な抑留生活についてであった。激しい労働と乏しい食料、冬も毛布一枚だけの酷寒のなかで、捕虜仲間の半数以上が亡くなったが、北国生まれの自分には絶対に生きて帰るというつよい思いがあったから生きのびた、が口癖であった。

本書を執筆しながら、たびたび父の語りがよみがえり、同じ従軍世代として極限状況を生きぬいたバウマン氏の体験とも重なりあった。

バウマン氏について関心を抱くようになったのは、十余年前にドイツ滞在中テレビで彼の活動が紹介されていたことがきっかけである。七〇歳を前に、愚直に農に励んで生涯を閉じた筆者の父とは対照的に、崩れた人生を立て直し、八〇歳を過ぎてなお平和運動と脱走兵復権にとりくむ姿に感嘆したからである。筆者は、ひろく人文研究の枠組みのなかで、人間は時代の動きにどうかかわって生きたか、いかに価値ある生き方をしようとしたかにつよい興味がある。その点でバウマン氏はずっと気がかりな存在であった。

その後、機会を得てバウマン氏にお会いし、さらに活動記録のスクラップブックなどをいただいたとき、彼についてできれば存命中に著そうと考えていた。ところが新たに学ばねばならないことがありすぎた。とりわけ門外漢の筆者はナチスの軍司法を理解するのに難儀し、遅れる結果になった。

書き終えて言えるのだが、これまで往々にしてポジティヴにイメージされ喧伝されてきたドイツの「過去の清算」が、表層のレベルにとどまってきたこと、ナチス期の軍司法という〝ドイツ最後のタブー〟が明らかにされて、政治の世界でもようやく本当の意味で「清算」について語ることができるようになったこと、このことは確かだと思う。そうなりえたのは意欲的な研究者たちによる事実の発掘であり、その蓄積のうえに確認された普遍的価値への畏敬であるだろう。さらには、この〝タブー〟が打破されたおかげで、その後の、本来リベラルなメルケル連邦首相のもとで歴史政策も展開できたのではないか、と考えている。

ドイツ戦後史を調べると、否応なしに日本についても意識するようになるものだが、逆に、日本の状況に対する疑問からドイツについて調べようとすることもあるだろう。本書ではあえてこのことに触れないようにした。とはいっても、劣化した現実世界をみるにつけ、いささかなりとも執筆に託した思いはある（この点でＮＨＫ取材班・北博昭『戦場の軍法会議――日本兵はなぜ処刑されたか』ＮＨＫ出版　二〇一三年は、興味深い）。ほぼ一世紀を生き抜いた一人の人間を中心にすえて脱走兵復権の様相をたどった本書が、読者の方々になにがしか考える一助となればと、願っている。

本書の刊行にあたって、中公新書編集部の方々には今回もひとかたならぬお世話になった。ふかく感謝の意を表したい。

二〇二〇年七月　新型コロナ禍が世界を覆うなか
岡山・倉敷にて記す

對馬達雄

6900, 7671, 7669, 8114, 10848. 14/5056, 5612, 8114, 8276. 16/1849, 3139, 13032, 13405. *Plenarprotokoll* 16/230, 233（本会議議事録）

Deutscher Bundestag 13. Wahlperiode Rechtsausschuß (6. Ausschuß) *Protokoll Nr. 31.*（公聴会議事録）

Deutscher Bundestag 14. Wahlperiode Rechtsausschuß (6. Ausschuß) *Protokoll Nr. 126.*

Deutscher Bundestag 16. Wahlperiode Rechtsausschuß (6. Ausschuß) *Protokoll Nr. 98.*

Dokumente des Bundestages. In, Korte, Jan / Heilig, Dominic (Hg.): *Kriegsverrat*, Berlin 2011.

Hamburger Institut für Sozialforschung (Hg.): *Vernichtungskrieg. Verbrechen der Wehrmacht 1941 bis 1944. Ausstellungskatalog*, Hamburg 1996, 1997 (3. Aufl.).

Heilig, Dominic: Zum Ablauf der politischen Auseinandersetzungen. In, Korte, Jan / Heilig, Dominic (Hg.): *Kriegsverrat*, Berlin 2011.

Kramer, Helmut: Geschichtsfälschung im Dienst der Politik. In, Biskupek, M. u. a. (Hg.): *Ossietzky*, Nr. 23 vom 15 November 2008.

Päuser, Frithjof Harms: *Die Rehabilitierung von Deserteuren der Deutschen Wehrmacht unter historischen, juristischen und politischen Gesichtspunkten mit Kommentierung des Gesetzes zur Aufhebung nationalsozialistischer Unrechtsurteile (NS-AufhG vom 28.05.1998)*, Inaugural-Dissertation, 2000.

Saathoff, Günter / Dillmann, Franz / Messerschmidt, Manfred: *Opfer der NS-Militärjustiz. Zur Notwendigkeit der Rehabilitierung und Entschädigung* (Schriftenreihe zur NS-Verfolgung, Nr.2), Köln 1994.（『ナチス軍司法の犠牲者』）

Vogel, Hans-Jochen (Hg.): *Gegen Vergessen. Für Demokratie*, München 1994.（『忘却に反対し民主主義を守る』）

Heft 6.

Gritschneder, Otto: *Furchtbare Richter. Verbrecherische Todesurteile deutscher Kriegsgerichte*, München 1998.（『恐るべき裁判官たち——ドイツ軍法会議の犯罪的な死刑判決』）

Müller, Ingo: *Furchtbare Juristen. Die unbewältigte Vergangenheit unserer Justiz*, München 1989.（『恐るべき法律家たち——司法界の未解決の過去』）

Richter, Peter / Haase, Norbert: *Denkmäler ohne Helden. Erinnerungskultur im Spannungsfeld von Kriegsgedenken und Desertion*, Lengerich 2019.

Schweling, Otto Peter / Schwinge, Erich (bearb. u. hrsg.): *Die deutsche Militärjustiz in der Zeit des Nationalsozialismus*, Marburg 1977.（『ナチス時代のドイツ軍司法』）

Schwinge, Erich: *Verfälschung und Wahrheit. Das Bild der Wehrmachtgerichtsbarkeit*, Tübingen 1988.（『欺瞞と真実——国防軍の裁判権の姿』）

Wette, Wolfram (Hg.): *Filbinger. eine deutsche Karriere*, Hannover 2006.（『フィルビンガー——あるドイツ人の出世物語』）

Wulfhorst, Traugott: Vom „jungen Soldaten" zum Revisionsrichter für Kriegsopferversorgung. In, Herrmann, Ulrich / Müller, Rolf-Dieter (Hg.): *Junge Soldaten im Zweiten Weltkrieg. Kriegserfahrungen als Lebenserfahrungen*, Weinheim 2010.（「少年兵から戦争犠牲者補償の裁判官へ」『第二次大戦下の少年兵』）

【第Ⅳ章】

木戸衛一「ドイツにおける“国防軍論争”」（季刊『戦争責任研究』第18号1997年冬季号）

中田潤「国防軍の犯罪と戦後ドイツの歴史認識」（『茨城大学人文学部紀要、社会科学論集』35：1－18）

Amtsblatt der Evangelischen Kirche in Deutschland, Heft 12, Jg. 1996, Hannover.（『ドイツ福音主義教会機関紙』）

Deutscher Bundestag 13. 14. 16. Wahlperiode, *Drucksache* 13/4586,

Marinejustiz im Zweiten Weltkrieg. In, *Vierteljahrshefte für Zeitgeschichte*, Jg. 26 (1978), Heft 3.（「第二次世界大戦のドイツ海軍司法の文書」）

Kramer, Helmut: Die versäumte juristische Aufarbeitung der Wehrmachtjustiz. In, Kramer, H. / Wette, Wolfram (Hg.): *Recht ist, was den Waffen nützt. Justiz und Pazifismus im 20. Jahrhundert*, Berlin 2004.

Kühne, Thomas: *Kameradschaft. Die Soldaten des nationalsozialistischen Krieges und das 20. Jahrhundert*, Göttingen 2006.（『戦友意識』）

Material für den Unterricht. Wanderausstellung „Was damals Recht war…"-Soldaten und Zivilisten vor Gerichten der Wehrmacht, Volkshochschule Aachen o.J. (online)（「"当時適法であったものが……" ——国防軍軍法会議で裁かれる兵士と市民」アーヘン市民大学授業資料）

Radbruch, Gustav: Gesetzliches Unrecht und übergesetzliches Recht(1946). In, Wolf, E. / Schneider H. P. (Hg.): *Gustav Radbruch. Rechtsphilosophie*, Stuttgart 1973(8. Aufl.)

Rüter-Ehlermann, Adelheid L. / Fuchs, H. H. / Rüter, C. F. (Bearb.): *Justiz und NS-Verbrechen. Sammlung deutscher Strafurteile wegen nationalsozialistischer Tötungsverbrechen 1945–1966*, Bd. 10, Amsterdam 1973.（『司法とナチス犯罪』）

【第 III 章】

Aicher, Otl: *innenseiten des krieges*, Frankfurt a. M. 1985, 2011 (3. Aufl.).（『戦争の内側』）

Fröhlich, Claudia: *»Wider die Tabuisierung des Ungehorsams«. Fritz Bauers Widerstandsbegriff und die Aufarbeitung von NS-Verbrechen*, Frankfurt a. M. 2006.

Deutscher Bundestag, 10. Wahlperiode, *Drucksache 10/6566*（「連邦議会印刷資料」10/6566）

Forum: Die Entscheidung des BSG zu den Todesurteilen der Wehrmachtsgerichte. In, *Neue Juristische Wochenschrift*, Jg. 46 (1993),

【第II章】
石田勇治『過去の克服——ヒトラー後のドイツ』白水社 2002年
板橋拓己『アデナウアー——現代ドイツを創った政治家』中公新書 2014年
ウィーラー＝ベネット・J（山口定訳）『国防軍とヒトラー 1918—1945 II』みすず書房 2002年（新装版）
カール・ヤスパース（橋本文夫訳）『戦争の罪を問う』平凡社 1998年
グスタフ・ラートブルフ（小林直樹訳）「実定法の不法と実定法を超える法」（ラートブルフ著作集第4巻『実定法と自然法』東京大学出版会 1961年）
クリストファー・R・ブラウニング（谷喬夫訳）『増補 普通の人びと——ホロコーストと第101警察予備大隊』ちくま学芸文庫 2019年
芝健介『ニュルンベルク裁判』岩波書店 2015年
高橋和之編『新版 世界憲法集』岩波文庫 2007年
本田稔「ナチス刑法における法実証主義支配の虚像と実像」（『立命館法学』2015年5・6号）
守屋純『国防軍潔白神話の生成』錦正社 2009年
山下公子『ヒトラー暗殺計画と抵抗運動』講談社 1997年
Adenauer, Konrad: 21. Juli 1948-Rede vor Studenten im Chemischen Institut der Universität Bonn. In, Schwarz, H.-P. (Hg.): *Konrad Adenauer. Reden 1917-1967. Eine Auswahl*, Stuttgart 1975.（『コンラート・アデナウアー——演説選集 1917～1967』）
Arndt, Adolf: Widerstand gegen die Vollstreckung eines Todesurteils wegen Fahnenflucht. In, *Süddeutsche Juristen-Zeitung*, Jg. 2, Nr. 6, Juni 1947.
Frei, Norbert: *Vergangenheitspolitik. Die Anfänge der Bundesrepublik und die NS-Vergangenheit*, München 1999, 2003 (2. Aufl.).
Görtemaker, Manfred / Safferling, Christoph: *Die Akte Rosenburg. Das Bundesministerium der Justiz und die NS-Zeit*, München 2016.（『ローゼンブルク文書』）
Gruchmann, Lothar: Ausgewählte Dokumente zur deutschen

Bade, C. / Skowronski L. / Viebig, M. (Hg.) : *NS-Militärjustiz im Zweiten Weltkrieg. Disziplinierungs- und Repressionsinstrument in europäischer Dimension*, Göttingen 2015.

Baier, Stephan: Das Todesurteil des Kriegsgerichtsrats Dr. Schwinge. In, *Kritische Justiz*, Vol. 21, Nr. 3 (1988).（「軍司法官シュヴィンゲ博士の死刑判決」『批判的司法』）

Garbe, Detlef: *Zwischen Widerstand und Martyrium. Die Zeugen Jehovas im „Dritten Reich"*, München 1999.

Georg-Elser-Initiative Bremen e. V.: *2009 Ausstellung Was damals Recht war. „Wehrkraftzersetzung". Der Fall Luise Otten*. (online)（「『国防力破壊』――ルイーゼ・オッテンの場合」2009 年展示会資料）

Goeb, Alexander: *Er war sechzehn, als man ihn hängte. Das kurze Leben des Widerstandskämpfers Bartholomäus Schink*, Reinbek bei Hamburg 1981.（『処刑されたとき彼は 16 歳だった』）

Herrmann, Ulrich: Zwei junge Soldaten als Opfer der NS-Wehrmachtjustiz. Der „Wehrkraftzersetzer" Horst Bendekat und der Deserteur Ludwig Baumann. In, Herrmann, Ulrich / Müller, Rolf-Dieter (Hg.): *Junge Soldaten im Zweiten Weltkrieg. Kriegserfahrungen als Lebenserfahrungen*, Weinheim 2010.（『第二次世界大戦下の少年兵』）

Klausch, Hans-Peter: *Die Bewährungstruppe 500. Stellung und Funktion der Bewährungstruppe 500 im System von NS-Wehrrecht, NS-Militärjustiz und Wehrmachtstrafvollzug*, Bremen 1995.

Oleschinski, Wolfgang: Ein Augenzeuge des Judenmords desertiert. Der Füsilier Stefan Hampel. In, Wette, Wolfram (Hg.): *Zivilcourage. Empörte, Helfer und Retter aus Wehrmacht, Polizei und SS*, Frankfurt a. M. 2004.（「ユダヤ人虐殺の目撃者は脱走した――二等兵シュテファン・ハンペル」『市民的勇気』）

Roloff, Stefan: *Die Rote Kapelle. Die Widerstandsgruppe im Dritten Reich und die Geschichte Helmut Roloffs*, Berlin 2002.（『ローテ・カペレ』）

Ausländer, Fietje (Hg.): *Verräter oder Vorbilder? Deserteure und ungehorsame Soldaten im Nationalsozialismus*, Bremen 1990.
Haase, Norbert / Paul, Gerhard (Hg.): *Die anderen Soldaten. Wehrkraftzersetzung, Gehorsamsverweigerung und Fahnenflucht im Zweiten Weltkrieg*, Frankfurt a. M. 1995.
Kirschner, Albrecht (Hg.): *Deserteure, Wehrkraftzersetzer und ihre Richter. Marburger Zwischenbilanz zur NS-Militärjustiz vor und nach 1945*, Marburg 2010.（『脱走兵・国防力破壊者・裁判官』）
Koch, Magnus: *Fahnenfluchten. Deserteure der Wehrmacht im Zweiten Weltkrieg—Lebenswege und Entscheidungen*, Paderborn 2008.
Perels, Joachim / Wette, Wolfram (Hg.): *Mit reinem Gewissen. Wehrmachtrichter in der Bundesrepublik und ihre Opfer*, Berlin 2011.（『やましさのない心をもって——連邦共和国の軍司法官と犠牲者』）
Petersson, Lars G.: *Hitler's deserters. When law merged with terror*, Oxford 2013.（『ヒトラーの脱走兵——法がテロルと合体したとき』）
Wette, Wolfgang: *Ehre, wem Ehre gebührt! Täter, Wilderständler und Retter (1939-1945)*, Bremen 2014.（『栄誉——誰のものか』）
上記の資料・研究書は各章で適宜使用されており、章ごとの記載は省く。

〈各章ごとの参考文献〉
【第Ⅰ章】
アドルフ・ヒトラー（平野一郎・将積茂訳）『わが闘争（下）』（23版）角川文庫 1989 年
岡典子『ナチスに抗った障害者——盲人オットー・ヴァイトのユダヤ人救援』明石書店 2020 年
河島幸夫『戦争・ナチズム・教会——現代ドイツ福音主義教会史論』新教出版社 1993 年
阪口修平・丸畠宏太編著『軍隊』ミネルヴァ書房 2009 年
ティモシー・スナイダー（布施由紀子訳）『ブラッドランド（上・下）』筑摩書房 2015 年

基礎的研究報告』)
Wüllner, Hermine (Hg.): *»... kann nur der Tod die gerechte Sühne sein«. Todesurteile deutscher Wehrmachtsgerichte. Eine Dokumentation*, Baden-Baden 1997. (『“死ぬことだけが正しい償いとなる……” ——軍法会議の死刑判決・資料』)
Wette, Wolfram / Vogel, Detlef (Hg.): *Das letzte Tabu. NS-Militärjustiz und »Kriegsverrat«*, Berlin 2007. (『最後のタブー——ナチス軍司法と〈戦時反逆〉』)
Baumann, Ulrich / Koch, Magnus / Stiftung Denkmal für die ermordeten Juden Europas (Hg.): *»Was damals Recht war...«. Soldaten und Zivilisten vor Gerichten der Wehrmacht*, Berlin 2008. (「“当時適法であったものが……” ——国防軍軍法会議で裁かれる兵士と市民」)
————————以上発行年代順の資料————————

Messerschmidt, Manfred / Wüllner, Fritz: *Die Wehrmachtjustiz im Dienste des Nationalsozialismus. Zerstörung einer Legende*, Baden-Baden 1987. (『ナチズムに奉仕した国防軍司法——神話の崩壊』)
Messerschmidt, Manfred: *Die Wehrmachtjustiz 1933–1945*, Paderborn 2005, 2008 (2. Aufl.). (『国防軍司法 1933—1945』)

〈脱走兵に関する資料と研究書〉
Haase, Norbert: *Deutsche Deserteure*, Berlin 1987. (『ドイツの脱走兵』)
Saathoff, Günter / Eberlein, Michael / Müller, Roland / Heinrich-Böll-Stiftung (Hg.): *Dem Tode entronnen. Zeitzeugeninterviews mit Überlebenden der NS-Militärjustiz*, Köln 1993. (『死をまぬがれた——ナチス軍司法生存者の証言記録』)
Wette, Wolfram (Hg.): *Deserteure der Wehrmacht. Feiglinge—Opfer—Hoffnungsträger?. Dokumentation eines Meinungswandels*, Augsburg 1995. (『国防軍の脱走兵——記録集』)
————————以上発行年代順の資料————————

主要文献一覧

〈ルートヴィヒ・バウマンに関する基本資料〉

『1985年から2015年までの復権活動の記録』……バウマンおよび関係者の活動にかかわる報道記事（縮刷版）、書簡、連邦議会決議文書、各種記録文書等々のスクラップブックである。

Baumann, Ludwig: *Niemals gegen das Gewissen. Plädoyer des letzten Wehrmachtsdeserteurs*, Freiburg 2014.（自伝『良心に恥じることなく』）

Baumann, Ludwig: Zehn Monate in der Todeszelle. Interview mit dem Vorsitzenden der »Bundesvereinigung der Opfer der NS-Militärjustiz e.V.«. In, Korte, Jan / Heilig, Dominic (Hg.): *Kriegsverrat. Vergangenheitspolitik in Deutschland*, Berlin 2011.（『戦時反逆』）

〈ナチス軍司法、軍法会議に関する基本資料と重要研究書〉

Absolon, Rudolf (Bearb,): *Das Wehrmachtstrafrecht im 2. Weltkrieg. Sammlung der grundlegenden Gesetze, Verordnungen und Erlasse*, Kornelimünster 1958.（『第二次世界大戦の国防軍刑法』）

Kammler, Jörg: *Ich habe die Metzelei satt und laufe über..., Kasseler Soldaten zwischen Verweigerung und Widerstand (1939–1945). Eine Dokumentation*, Fuldabrück 1985, 1997 (3. Aufl.).（『〈殺戮にはうんざりして投降した……〉――拒否と抵抗の狭間のカッセルの兵士たち（1939～1945）・資料』）

Haase, Norbert / Gedenkstätte Deutscher Widerstand (Hg.): *Das Reichskriegsgericht und der Widerstand gegen die nationalsozialistische Herrschaft, Katalog zur Sonderausstellung der Gedenkstätte Deutscher Widerstand in Zusammenarbeit mit der Neuen Richtervereinigung*, Berlin 1993.（『国家軍法会議とナチス支配への抵抗』特別展資料）

Wüllner, Fritz: *Die NS-Militärjustiz und das Elend der Geschichtsschreibung. Ein grundlegender Forschungsbericht*, Baden-Baden 1991, 1997 (2. Aufl.).（『ナチス軍司法と悲惨な歴史記述――

【ナ　行】

【ハ　行】

【マ　行】

【タ 行】

【サ 行】

事項索引

【サ　行】

【タ　行】

人名索引

【ア　行】

【カ　行】

對馬達雄（つしま・たつお）

1945年青森県生まれ．東北大学大学院教育学研究科博士課程中途退学．教育学博士（東北大学，1984年）．秋田大学教育文化学部長，副学長等を歴任．秋田大学名誉教授．専攻・ドイツ近現代教育史，ドイツ現代史．

主著『ヒトラーに抵抗した人々』（中公新書，2015年）
『ディースターヴェーク研究』（創文社，1984年）
『ナチズム・抵抗運動・戦後教育――「過去の克服」の原風景』（昭和堂，2006年）
『ドイツ 過去の克服と人間形成』（編著書，昭和堂，2011年）

訳書『反ナチ・抵抗の教育者――ライヒヴァイン1898―1944』（ウルリヒ・アムルンク著，昭和堂，1996年）など

ヒトラーの脱《だっ》走《そう》兵《へい》
中公新書 *2610*

2020年9月25日発行

著　者　對馬達雄
発行者　松田陽三

本文印刷　三晃印刷
カバー印刷　大熊整美堂
製　　本　小泉製本

発行所　中央公論新社
〒100-8152
東京都千代田区大手町1-7-1
電話　販売 03-5299-1730
　　　編集 03-5299-1830
URL http://www.chuko.co.jp/

Published by CHUOKORON-SHINSHA, INC.
Printed in Japan　ISBN978-4-12-102610-1 C1222

中公新書刊行のことば

いまからちょうど五世紀まえ、グーテンベルクが近代印刷術を発明したとき、書物の大量生産は潜在的可能性を獲得し、いまからちょうど一世紀まえ、世界のおもな文明国で義務教育制度が採用されたとき、書物の大量需要の潜在性が形成された。この二つの潜在性がはげしく現実化したのが現代である。

いまや、書物によって視野を拡大し、変りゆく世界に豊かに対応しようとする強い要求を私たちは抑えることができない。この要求にこたえる義務を、今日の書物は背負っている。だが、その義務は、たんに専門的知識の通俗化をはかることによって果たされるものでもなく、通俗的好奇心にうったえて、いたずらに発行部数の巨大さを誇ることによって果たされるものでもない。現代を真摯に生きようとする読者に、真に知るに価いする知識だけを選びだして提供すること、これが中公新書の最大の目標である。

私たちは、知識として錯覚しているものによってしばしば動かされ、裏切られる。私たちは、作為によってあたえられた知識のうえに生きることがあまりに多く、ゆるぎない事実を通して思索することがあまりにすくない。中公新書が、その一貫した特色として自らに課すものは、この事実のみの持つ無条件の説得力を発揮させることである。現代にあらたな意味を投げかけるべく待機している過去の歴史的事実もまた、中公新書によって数多く発掘されるであろう。

中公新書は、現代を自らの眼で見つめようとする、逞しい知的な読者の活力となることを欲している。

一九六二年一一月

中公新書

現代史

f2

2570 佐藤栄作　村井良太
2186 田中角栄　早野透
1976 大平正芳　福永文夫
2351 中曽根康弘　服部龍二
2512 高坂正堯―戦後日本と現実主義　服部龍二
1574 海の友情　阿川尚之
1875 「国語」の近代史　安田敏朗
2075 歌う国民　渡辺裕
2332 「歴史認識」とは何か　大沼保昭・江川紹子
1804 戦後和解　小菅信子
2406 毛沢東の対日戦犯裁判　大澤武司
1900 「慰安婦」問題とは何だったのか　大沼保昭
2359 竹島―もうひとつの日韓関係史　池内敏
1820 丸山眞男の時代　竹内洋
2237 四大公害病　政野淳子

1821 安田講堂 1968-1969　島泰三
2110 日中国交正常化　服部龍二
2385 革新自治体　岡田一郎
2150 近現代日本史と歴史学　成田龍一
2196 大原孫三郎―善意と戦略の経営者　兼田麗子
2317 歴史と私　伊藤隆
2301 核と日本人　山本昭宏
2342 沖縄現代史　櫻澤誠
2543 日米地位協定　山本章子